数字化发展的国际路径与经验启示

房毓菲 单志广 著

经济管理出版社

ECONOMY & MANAGEMENT PUBLISHING HOUSE

图书在版编目（CIP）数据

数字化发展的国际路径与经验启示/房毓菲，单志广著 . —北京：经济管理出版社，2022.8

ISBN 978-7-5096-8697-3

Ⅰ.①数… Ⅱ.①房… ②单… Ⅲ.①数字化—研究 Ⅳ.①TP3

中国版本图书馆 CIP 数据核字（2022）第 165212 号

组稿编辑：杨 雪
责任编辑：杨 雪
助理编辑：付姝怡
责任印制：黄章平
责任校对：王淑卿

出版发行：经济管理出版社
　　　　　（北京市海淀区北蜂窝 8 号中雅大厦 A 座 11 层 100038）
网　　址：www. E-mp. com. cn
电　　话：（010）51915602
印　　刷：唐山昊达印刷有限公司
经　　销：新华书店
开　　本：720mm×1000mm/16
印　　张：9.5
字　　数：116 千字
版　　次：2022 年 10 月第 1 版 2022 年 10 月第 1 次印刷
书　　号：ISBN 978-7-5096-8697-3
定　　价：65.00 元

前　言

　　数字化是当今世界经济社会发展的大趋势。随着新一轮科技和产业革命深化发展，以互联网、物联网、大数据、云计算、人工智能、区块链等为代表的数字技术正加速向各领域广泛渗透，数字化正开启一次重大的时代转型，加速重构人类生活、社会生产、经济发展和社会治理模式，带动人类社会生产方式变革、生产关系再造、经济结构重组、生活方式巨变。各国高度重视数字经济，积极推进国家发展战略和政策，数字化发展已经成为全球大势和各国共识，成为推动经济包容增长和可持续发展的新路径，成为影响全球竞争格局的核心力量。党中央、国务院高度重视数字化发展。《中华人民共和国国民经济和社会发展第十四个五年规划和2035年远景目标纲要》明确提出要"加快数字化发展"。数字化发展是我国构建新发展格局的重要支撑、建设现代化经济体系的重要引擎、构筑国家竞争新优势的必然选择。

　　近年来，我国数字经济发展水平不断提升，数字产业化和产业数字化规模快速增长，政策环境逐步完善。在取得明显成效的同时，我国数字化发展也面临一些亟待解决的问题，包括数据治理体系仍需完善、核心数字技术受制于人、传统监管方式有待转变、全球数字经济治理话语权竞争加剧等。"他山之石可以攻玉"，我国数字化发展之路中遇到的很多问题，与欧盟等正在攻克的问题具有一定相似性。欧盟作为大数据和数字化转型战略的先行者，在利用数据资源要素、构建数字治理框架、提升数字技术创新、完善数字基础设施、推动重点领域数字化转型等方面做出了大量有益的探索，在新冠肺炎疫情暴发的背景下，欧盟强调借助数字基础设施、数字技术等手段提高自身的工业竞争力和战略自主性至关重要。因此，梳理分析欧盟数字化转型战略和政策举措，对促进我国数字化发展具有重要的参考价值。

本书第一章立足中国和欧盟数字化发展现状和问题的相似点，结合国际竞合格局，分析欧盟数字化转型战略对我国的影响和研究价值。第二章全面分析欧盟数字化转型战略的总体思路和政策内容。第三章和第四章从国际比较的视角，遴选挖掘数据要素价值、研发人工智能技术、健全数字服务监管、构建数字贸易规则、变革数字税收政策、碳边境调节机制等若干关键领域，剖析以欧美为主的国际社会在技术层面和规则层面的数字化发展战略和发展举措，对比与我国的异同，并提出对我国的启示和发展建议。第五章分国别选取典型行业，梳理了部分数字化转型典型企业案例。

本书基于国家信息中心智慧城市发展研究中心的研究成果编制，在编写过程中得到了国家发展和改革委员会国际合作司的指导，得到了国家信息中心智慧城市发展研究中心领导和同事的指导和支持。王威、王丹丹、闫晓丽、舍日古楞、徐清源、蔡丹旦、张雅琪、戴彧、刘殷、常苗苗、张岳对本书部分章节亦有贡献，在此一并表示感谢。

本书得到了国家重点研发计划项目"新型智慧城市数据采集分析与评价服务平台"（2018YFB2101501）的支持。由于作者水平所限，书中难免有不妥或错漏之处，恳请广大读者提出宝贵意见。

目　录

第一章

数字化发展的研究背景

第一节　中国和欧盟数字化发展形势比较

一、我国数字化发展基础和问题

1. 我国数字经济发展现状

随着新一轮科技和产业革命的深化发展，以互联网、物联网、大数据、云计算、人工智能、区块链等为代表的数字技术正加速向各领域广泛渗透，数字化发展正开启一次重大的时代转型，加速重构人类生活、社会生产、经济发展和社会治理模式，带动人类社会生产方式变革、生产关系再造、经济结构重组、生活方式巨变。各国高度重视数字化发展，积极推进国家发展战略和政策，数字化发展已经成为全球大势和各国共识，成为推动经济包容增长和可持续发展的新路径，甚至成为影响全球竞争格局的核心力量（单志广，2019）。

数字经济是构建新发展格局的重要支撑、建设现代化经济体系的重要引擎、构筑国家竞争新优势的必然选择。党的十八大以来，我国深入实施网络强国战略和国家大数据战略，建设数字中国、智慧社会，加快推进数字产业化和产业数字化，数字经济发展取得了显著成效，对经济社会的引领带动作用日益凸显（国家发展和改革委员会，2022）。

第一，信息基础设施全球领先。我国已建成全球最大的光纤网络，超过 300 个城市启动千兆光纤宽带网络建设，具备了覆盖 3 亿家庭的能力①。5G 网络已覆盖所有地级城市、大部分县城和多数乡镇，5G 基站总规模超过 150.6 万个，占全球 60% 以上②。我国建成的区块链服务网络（BSN）是全球规模最大的区块链公用基础设施，布设了境内 133 个数据中心、境外 8 个数据中心③。网民规模连续 13 年位居世界第一，2021 年 6 月已达10.11 亿④。

第二，产业数字化转型稳步推进。在农业领域中，物联网、大数据、人工智能等数字技术的应用比率超过 8%⑤，产品溯源、智能灌溉、智能温室、精准施肥等智慧农业新模式得到广泛应用。工业领域，数字化转型持续深化，规模以上工业企业关键工序数控化率、经营管理数字化普及率和数字化研发设计工具普及率分别达到 54.6%、69.8%、74.2%⑥，全国已建"5G+工业互联网"项目超过 2000 个，成为推动复工复产、保持产业链供

---

① 工业和信息化部.2021 年通信业统计公报解读 [EB/OL].［2022－01－25］.https：//www.miit.gov.cn/jgsj/yxj/xxfb/art/2022/art_b6578e7993bf4c999b28e88b53037044.html.

② 国家发展和改革委员会.新闻发布会介绍积极扩大有效投资有关情况 [EB/OL].［2022－04－15］.https：//www.ndrc.gov.cn/xwdt/wszb/ldyxtz/.

③ 单志广.DDC 可为中国元宇宙产业发展提供底层支撑 [EB/OL].［2022－05－30］.http：//www.cbdio.com/BigData/2022/05/30/content_6169146.htm.

④ 《"十四五"数字经济发展规划》（国发〔2021〕29 号）.

⑤⑥国家发展和改革委员会.大力推动我国数字经济健康发展 [J].求是，2022（2）：7.

应链稳定的重要支撑力量[①]。服务业领域，我国网络零售市场连续8年全球领先，"十三五"期间电子商务交易额年均增速达11.6%[②]，2021年共享经济市场交易规模近3.7万亿元，同比增长约9.2%[③]，共享服务和消费成为提升经济韧性的重要力量。数字化水平显著提高。电子商务、移动支付规模全球领先，网约车、网上外卖、远程医疗等新业态新模式蓬勃发展。

第三，数字产业化规模持续壮大。2020年，我国数字产业化规模达到7.5万亿元，技术创新成果不断涌现。云计算整体市场规模达1781亿元，增速超过33%；大数据产业规模达718.7亿元，增幅领跑全球；人工智能产业规模达3031亿元，在人工智能芯片领域、深度学习软件架构领域、中文自然语言处理领域进展显著；物联网产业迅猛发展，产业规模突破了1.7万亿元[④]。"十三五"期间，全国软件和信息技术服务业营业收入从4.28万亿元增长到8.16万亿元，年均增速13.8%，远高于年均国内生产总值增速[⑤]。5G等信息基础设施建设进程加快，累计有效带动数字产业领域投资近千亿元[⑥]。

第四，数字经济国际合作不断深化。我国倡导发起《二十国集团数字经济发展与合作倡议》《"一带一路"数字经济国际合作倡议》，与16个国家相关部门签署了数字经济合作谅解备忘录，数字贸易规模不断扩大。我国提出《携手构建网络空间命运共同体行动倡议》《全球数据安全倡议》，为全球网络空间治理贡献中国方案，赢得全球广泛共识；搭建全球数字经

---

① 中国互联网络信息中心（CNNIC）第49次《中国互联网络发展状况统计报告》。
②⑤⑥ 国家发展和改革委员会.大力推动我国数字经济健康发展[J].求是，2022（2）：7.
③ 国家信息中心《中国共享经济发展报告（2022）》。
④ 中国政府网.中国数字经济规模达39.2万亿元[EB/OL].[2021-09-26].http://www.gov.cn/xinwen/2021-09/26/content_5639469.htm.

济交流合作平台，主办"一带一路"国际合作高峰论坛、世界互联网大会等活动，广泛促进数字经济成果交流共享；数字经济发展成果惠及全球，通过共享数字技术、产品、服务优势，让数字文明造福各国人民，有效促进民心相通。

2. 我国数字经济发展问题和挑战

第一，数据治理体系仍需完善。作为数字经济发展的关键要素，数据的价值日益凸显。伴随着万物互联时代的到来，数据资源的规模将呈爆发式增长。一方面，数据要素需要充分流动共享，才能够得到充分的挖掘和利用，从而释放数据价值；另一方面，数据利用过程中，会对个人隐私、商业机密和国家安全带来风险，数据保护与开发利用相互掣肘。数据资源的收集、存储、清洗、流转、使用、交易等各环节的标准体系还在不断完善，针对数据权属、数据开放利用和数据交易等与数据相关的法律法规有待进一步建立，亟待进一步完善和构建数据标准化和数据确权、数据开放的标准规范，寻求数据保护与开发利用之间的平衡。此外，关于跨境数据流动的国际规则还没有达成共识，加强完善数据治理体系建设迫在眉睫。

第二，关键核心技术受制于人。在核心数字技术的研发与使用方面，以美国为代表的西方发达国家对我国的防备打压和技术封锁的势头不减，"数字铁幕"的趋势值得警惕。我国许多数字技术基础研究领域短板比较明显、高度依赖进口，重要领域的核心设备国产化率很低。集成电路与操作系统等核心技术的研发和应用间存在一定程度的脱节，无法形成有竞争力的产业生态。在数字制造装备、芯片技术、系统软件、材料技术以及人工智能等方面缺乏核心技术，受制于国外企业，高端服务器、存储系统、数据库等领域长期被国外厂商垄断，给我国数字经济持续健康发展带来了巨大隐患。

　　第三，数字技术带来"挤出效应"。数字技术被广泛应用于经济社会各个领域，企业生产效率、组织分工、产业结构发生较大变化。数字技术应用下，大量劳动者的工作环节和劳动技能容易被标准化、机器化，带动实体经济生产效率提升，但在劳动需求保持不变的前提下，劳动者效率的提升将大大降低企业对劳动者个体数量的需求，从而带来巨大的就业压力。新的生产方式、产业形态、商业模式不断涌现，在线数字服务取得巨大成功的同时，传统商品交易市场、传统报刊等业态逐步走向衰落。新旧业态交替，一方面创造了新的岗位需求；另一方面在一些受冲击较大且不易调整的领域则造成结构性失业的风险。

　　第四，传统监管方式有待转变。平台经济已经成为数字经济时代重要的组织形态和商业模式。平台企业既是助推创新活动、激发创新活力的重要载体，也是降低交易成本、提高市场效率的关键角色，同时，平台企业日益提升的权力地位和资源控制力也给传统的市场秩序和政府治理带来了冲击。传统的属地化、分行业的市场监管方式已难以适应平台经济跨行业、跨地域、规模巨大的经济活动形态，新业态治理落后于市场实践，易出现"一放就乱、一管就死"的问题。同时，灵活就业、斜杠青年等新就业形态也为现行的税收征管、劳动保障、统计监测体系带来了全新的挑战。

　　第五，全球数字经济治理话语权竞争加剧。许多国家已经意识到数字经济是新的国际政治博弈的重要领域，纷纷提出自身的治理主张和标准规则，试图抢占全球数字经济领域的规则制定权和博弈主动权。在不同的治理体制、文化背景和价值立场下，各国的治理策略必然会产生冲突，在数字税收、数据跨境流动等方面尚未达成共识。部分国家的"长臂管辖"规则强化了一国政府对境外数据的执法能力，数据跨境安全审查不断渗透扩展到外商投资、基础设施建设领域,数字贸易已成为国际经济政治领域的斗争工具。

二、欧盟数字化发展的问题和挑战

欧盟积极推动数字化转型战略,但受欧盟内部各国数字化程度差异等客观因素和社会人文环境固化、政策监管严格等主观原因的影响,整个欧盟社会数字化发展面临诸多挑战。

第一,欧盟单一市场数字化转型基础较弱。根据欧盟委员会《2020 年数字经济与社会指数》(European Commission,2020a),欧盟成员国的网络基础设施有待提升,高度依赖外部供应商,仅有 78% 的家庭安装了固定宽带,17 个成员国分配了 5G 频谱。而数字化应用方面,欧盟成员国 42% 的人口缺乏基本的数字技能,能在线办理的公共服务事项仅占 67%,以线上方式销售商品和服务的大企业和中小企业分别仅占 39% 和 17.5%。另据德国媒体指出,在德国 6 万多个工业园中,有接近 35% 的园区面临网络基础设施无法满足需求的问题,拖了经济发展的后腿[1]。

第二,欧盟科技创新研发投入不足。欧盟在人工智能等数字技术方面的投资远低于美国和亚洲国家。而且欧盟的风险投资规模很小,银行贷款往往与传统大企业"捆绑",造成科技初创企业难以获得融资。另外,受欧盟社会文化影响,欧盟许多国家通过实施高税收政策,给予公民高福利保障,达到全民福利的相对均衡。数据显示,欧盟人口占世界的 9%,对应 GDP 占全球的 25%,而福利开支却占世界的 50%[2]。欧盟高税收制度造成创业收入与创业背后承担的高风险极不匹配,抑制了科技企业创业热

---

① 董一凡. 欧洲数字经济"跛脚"了吗 [N]. 环球时报,2019-07-10 (14).
② 任彦. 人民日报深度观察:欧盟高福利拖累竞争力 [N]. 人民日报,2015-08-21 (22).

情，制约了社会创新创业的发展。

第三，成员国之间数字化进程差异较大。由于欧盟 27 个成员国有 24 种语言，各成员国都保留着各自的语言文化，且经济水平、数字化程度相差较大，数字贸易和数据治理政策法规各异。例如，欧盟《通用数据保护条例》中的"个人数据"指的是"任何与已识别或可识别的自然人有关的信息"，该条例可能会给数据的自由流动增加不必要的限制。欧盟各成员国在执行该条例时，受到本国执行力量、数据隐私保护态度等因素影响，在条例执行标准、执行程度、数据保护原则和数据自由流动原则之间平衡性上存在着较大的差异，造成欧盟数字市场的分割。

第四，各成员国对数字经济税收的应对措施缺乏共识。欧盟各成员国对数据隐私、数字征税和数据监管等不同的政策法规，标准的国际协调和设施的互联互通还不充分，一些领域的事实性标准构成互通的壁垒，且各国人口、经济规模有限，无形中给企业开拓欧盟市场增加了很多制度成本，对未来欧盟范围内数据利用、智能产品和服务的规模化应用形成制约。欧盟内自身数字经济发展强劲的成员国希望借数字税反制美国垄断，然而部分低税成员国对美国科技巨头持欢迎态度，造成欧盟难以形成统一的征税计划，不利于欧盟数字经济整体发展环境的创建。

第五，过度监管限制欧盟数字经济的发展。欧盟制定了一系列数据保护和对科技企业监管的政策措施，虽然极大地避免了信息和数据被滥用等风险，但也给企业带来了额外的合规成本，对中小企业和初创企业的打击尤其严重，尤其对高度依赖数据的人工智能、区块链和云计算产业带来了阻碍。特别是为了适应《通用数据保护条例》实施，欧盟企业的技术、制度、沟通等运营成本将大幅增加。

三、中国和欧盟数字化发展情况比较分析

1. 问题和挑战比较

中国和欧盟在数字化发展方面面临一些类似的问题。双方内部不同区域、不同群体之间经济社会发展水平和信息化普及程度差距较大，都面临如何消弭数字鸿沟、促进数字普惠、实现数字赋能的问题。在新冠肺炎疫情和对美关系等背景下，双方都存在核心技术、核心产品依赖进口的问题，需要在数字技术研发和产品制造方面提高自主性。

而在数字经济监管治理方面，中国和欧盟双方态度有所差异。欧盟强调严格监管和公平竞争，在一定程度上降低了企业对数据和人工智能等技术的使用意愿。而我国对数字经济发展整体上持有坚持促进发展和监管规范两手并重的态度，尽可能保护了数字经济发展的活力和动力（见表1-1）。

表1-1 中国和欧盟数字化发展面临问题异同分析

领域	中国	欧盟
监管治理	促进发展和监管规范两手并重。 传统的属地化、分行业的监管方式难以适应平台化企业的跨行业、跨地域、规模巨大的经济活动形态，新业态治理落后于市场实践，易出现"一放就乱、一管就死"的问题	强调严格监管和公平竞争。 制定了一系列数据保护和对科技企业监管的政策措施，虽然极大避免了信息滥用等风险，但也给企业带来了高额的合规成本，对中小企业和初创企业的打击尤其严重
数字鸿沟	信息基础设施建设不断延伸，移动互联网快速普及。截至2021年12月，全国网民规模已超10亿，数字鸿沟进一步缩小，但仍有近20%的城镇地区人口和近40%的农村地区人口尚未触网[①]	27个成员国有24种语言，各成员国都保留着各自的文化，数字贸易和数据治理政策法规各异。成员国之间信息网络基础设施覆盖程度和发展水平有较大差距。应用方面，42%的人口缺乏基本的数字技能，能在线办理的公共服务事项仅占67%

---

① 中国互联网络信息中心第49次《中国互联网络发展状况统计报告》。

续表

领域	中国	欧盟
核心技术	数字技术基础方面短板比较明显，芯片、基础软件等容易被人"卡脖子"。基础研究经费从投入规模来看增长很快，但投入强度与全球主要创新国家相比水平比较低。我国 2020 年基础研究经费只有当年 GDP 的 0.14%，而全球主要创新国家的该项投入水平为 0.4%～0.7%[①]	在人工智能等数字技术方面的投资远低于美国和亚洲国家。风险投资规模整体较小，银行贷款往往与传统大企业"捆绑"，科技初创企业难以获得融资

资料来源：笔者整理。

2. 政策思路比较

中国和欧盟的数字化发展政策思路有许多相似之处。在国际合作方面，双方都致力于面向多层次、多领域、多主体的国际合作，在合作中发展数字经济，扩大话语权；在数据要素方面，双方均高度重视数据资源治理体系的完善，将数据作为战略性、全局性资源和核心要素；在数字基础设施方面，双方都高度重视数字基础设施的核心支撑作用。

中国和欧盟的数字化发展政策思路也存在一些明显差异。在产业数字化方面，欧盟高度强调工业的数字化转型，而我国政策层面对第一产业、第二产业、第三产业的数字化都有提及。在信息安全方面，欧盟较早启动数据隐私保护相关法规制定并付诸实践，我国也高度重视网络和信息安全，不断出台完善相关法律法规。在新模式新业态方面，我国产生了具有世界影响力的互联网、电子商务和平台型企业，对数字经济新业态新模式做出了巨大创新贡献，而欧盟的互联网龙头企业相对较少，政策层

①　《全国科技经费投入统计公报》。

面对互联网平台以探索监管规则为主，对企业创新发展的重视程度不高（见表1-2）。

表1-2　中国和欧盟数字化发展政策思路异同分析

领域	中国	欧盟
国际合作	持续深化国际合作，推动"数字丝绸之路"走深走实，拓展数字经济合作伙伴关系。着重加快贸易数字化发展，强调开展数字经济标准国际协调和数字经济治理合作	致力于推动全方位合作，在合作中确立自主权，参与国际标准的制定
数据要素	制定《促进大数据发展行动纲要》，全面推动数据赋能经济社会发展。《中共中央　国务院关于构建更加完善的要素市场化配置体制机制的意见》将数据作为一种新型生产要素，与土地、劳动力、资本、技术等传统要素并列为要素之一；明确加快培育数据要素市场，推进政府数据开放共享、提升社会数据资源价值、加强数据资源整合和安全保护	制定了《通用数据保护条例》《非个人数据自由流动条例》等法规，促进数据保护和数据开发利用，强调数据资源的核心作用和对经济社会的全面赋能
数字基础设施	将新型基础设施建设作为经济发展的新动力和新引擎	高度重视科研、工业等基础设施的互联互通
资金支持	从中央到地方，各种数字经济政策都将强化资金支持作为必选项	加大对转型、创新发展的投资。特别支持中小企业数字化发展
产业数字化	深入实施制造强国战略，推进"上云用数赋智"行动，大力发展工业互联网	高度强调工业的数字化转型
信息安全	全面落实《中华人民共和国网络安全法》《中华人民共和国数据安全法》《中华人民共和国个人信息保护法》等法律法规。尽管全国上下都以前所未有的程度重视网络和信息安全保护，但在实践中还存在诸多技术和管理难题	将个人数据保护和隐私保护作为重要内容写入法律法规
新模式新业态	鼓励平台经济、共享经济、"互联网+"等新模式新业态发展，对新经济形式采取了包容审慎的监管模式	平台经济龙头企业不多，在基于互联网的商业模式和业态创新方面亮点相对较少

资料来源：笔者整理。

第二节 欧盟推动数字化转型对我国的影响

一、欧盟数字化发展经验的研究意义

1. 欧盟在数字化发展方面的探索对我国具有参考价值

我国政府层面高度重视数字化发展，在《中华人民共和国国民经济和社会发展第十四个五年规划和 2035 年远景目标纲要》中明确提出"加快数字化发展，建设数字中国"，从"打造数字经济新优势""加快数字社会建设步伐""提高数字政府建设水平""营造良好数字生态"等方面整体推动数字化转型，驱动生产、生活和治理方式变革。近年来，我国数字经济发展水平不断提升，数字产业化和产业数字化规模快速增长，政策环境逐步完善。在取得一定成效的同时，我国数字化发展仍有一些问题亟待解决，例如数据要素价值需进一步挖掘、核心数字技术受制于人、产业数字化转型质量和效益有待提升、治理方式应更加适应新业态发展需要等，这些与欧盟数字化发展正在攻克的问题具有一定的相似性。

欧盟作为大数据和数字化转型战略的先行者，通过周期性中长期战略与针对性法规文件相结合的形式长期推动数字化进程。在 2010 年出台的十年经济发展规划《欧盟 2020 战略》中，欧盟设立了智能增长、可持续增长、包容增长三大目标。其中，为实现智能增长目标，欧盟配套了"数字化进程"行动，提出在高速互联网和在线数字应用的基础上建立数字化单一市场，强调了以全面数字化提升竞争力的战略意义。2020 年以来，面对新冠肺炎疫情影响和日益激烈的国际竞争，欧盟将数字化转型上升到主权

层面，相继发布了《塑造欧盟的数字未来》（Shaping Europe's Digital Future）（European Commission，2020b）和《2030 数字罗盘：欧盟数字十年之路》（2030 Digital Compass：The European Way for the Digital Decade）计划，旨在增强欧盟的数字竞争力，在全球数字经济中保持领先地位。在上述数字化战略框架下，欧盟持续发布了一系列法规、报告、财政支持计划，在利用数据资源要素、构建数字治理框架、提升数字技术创新、完善数字基础设施、推动重点领域数字化转型等方面做出了大量有益的探索。在新冠肺炎疫情暴发的背景下，欧盟更强调借助数字基础设施、数字技术等手段提高自身的工业竞争力和战略自主性至关重要。梳理分析欧盟在数字化发展中的战略考量和政策举措，对促进我国数字经济高质量发展具有重要的参考价值。

以数据治理领域为例，《通用数据保护条例》（GDPR）作为欧盟数据保护和隐私框架的核心，是欧盟增强公民赋权和实现数字化转型的基础，更是欧盟推广自身价值观、争取数字化主导地位的重要抓手，已成为具有全球影响力的数据立法新范式和标杆。欧盟委员会持续跟踪《通用数据保护条例》实施成效，发布了关于执行情况的评价报告，总结了实施以来取得的成效；同时归纳了《通用数据保护条例》实施中暴露出的执行层面的困难和消极影响，提出了需要重点改进的行动方向。"他山之石，可以攻玉"，当前我国数字化发展进入"深水区""攻坚期"，高度关注和深入分析欧盟数字化发展实践的经验、教训与未来走向，对我国更好地科学推进数字化发展具有重要启示。

2. 欧盟在数字经济国际竞合方面的态度对我国有重要启示

数字经济已成为世界各国争相抢抓的战略焦点，受到地缘政治、国家安全、意识形态等复杂因素的影响，呈现超出经济层面的博弈和竞争，加剧了逆全球化趋势。随着数据资源和技术创新在数字经济发展中的作用越发凸显，以美国和欧盟为主的发达经济体意图形成规则层面的事实主导，并以自身价值观塑造全球数字经济发展走向。当前，全球正处于数字治理规则制定的窗口期，网络安全、隐私保护、数据流动、基础设施、数字贸易、市场监管等领域的标准和规则正在逐步构建，争夺国际规则制定主导权的较量日益激烈。国际社会高度关注构建开放、共赢、合理的国际数字治理秩序，围绕规则制定的交流合作日益升温。同时，由于全球各国在利益诉求、价值取向、资源禀赋上存在根本差异，国际数字规则共识的形成困难重重。

在全球竞争激烈、地缘政治态势复杂、保护主义抬头、贸易关系紧张等大背景下，围绕数字经济领域的竞争与合作将推动国际经济秩序深刻变革。由于意识到自身在数字经济规模和增速上落后于中美两国，欧盟意图在双边和多边合作机制中大力推广自身的数据治理规则和标准，以达到领导全球数字经济治理体系的战略目的。例如，欧盟在非洲布局数字经济，成立欧盟—非盟数字经济工作小组，并于2020年发布《对非洲全面战略》（Towards a Comprehensive Strategy with Africa），从基础设施建设、数字技能培训、数字化转型等方面推动欧盟与非洲更加密切的数字经济合作，在合作过程中输出欧盟的标准和价值观。

欧盟与美国都将数字治理规则作为重要的博弈工具，在数字经济领域的竞争与合作并存。欧盟已意识到由于自身相对缺少本土科技巨头，导致市场份额被美国科技巨头占据。为稳固自身既有利益、保护本土企业发展，欧盟在数据隐私保护、数字市场监管、数字服务税等方面提出一系列捍卫"数据主权""技术主权"的政策举措，与美国存在一定分歧。同时，由于欧盟、美国双方互为传统盟友关系，数字经济合作的国际关系基础深厚，随着跨大西洋伙伴关系重塑，双方共同谋取数字治理规则话语权、维护全球数字经济领导地位的意愿不断增强。

当前，我国"数字丝绸之路"合作成果显著，数字贸易快速发展，数字经济企业"走出去"规模持续扩大，但数字治理规则制定的话语权还有待增强。为警惕美国、欧盟等经济体将我国视为数字经济发展竞争对手，开展针对性、对抗性的战略部署及结盟合作，我国有必要与包括欧盟在内的国家和地区主动开展数字经济交流合作，以应对世界数字经济发展格局变化中的机遇和风险挑战。一是有助于更好培育我国数字经济增长点，充分发挥我国在数字产业方面的实力和潜力，为我国5G等新型基础设施建设能力及电子商务、移动支付、智慧物流、智慧医疗、共享经济等特色数字服务能力"走出去"创造机会；二是有助于建设相互尊重、公平正义、合作共赢的新型国际关系，以数据流引领技术流、物质流、资金流、人才流，在政策、技术、标准、贸易等方面建立互惠互利、优势互补的前沿合作，与世界共享发展机遇和发展成果；三是有助于提升我国数字经济国际竞争力，积极参与构建全球性数字经济规则，减少分歧、扩大共识，进一步强化我国在国际数字经济发展格局中的话语权和自主权。

二、欧盟数字化转型带给我国的机遇和风险

1. 全球数字经济发展格局面临深刻调整

当今世界，美国和中国是全球数字经济发展的主要领导力量。欧盟受制于管制条件严苛和经济不景气的影响，在数字经济方面一度落后。但即使在英国脱欧之后，欧盟仍然是世界最主要经济体之一，同时也拥有雄厚的科技和基础设施。欧盟高度重视数字经济，并在此领域投入大量资源，已经形成一股强劲的推动力量。在美国蓄意打压我国数字经济发展的背景

下，欧盟对数字经济的高度重视有利于形成多极化发展格局，为我国和美国在数字经济领域的制衡提供新途径和新空间，总体上有利于我国数字经济持续发展。

2. 欧盟数据治理体系将深刻影响世界数字经济发展

欧盟提出要领导和支持国际数据治理合作，塑造全球标准，创造完全遵守欧盟法律的数字市场发展环境。一方面，欧盟将在双边和多边合作机制中保护在第三国运营的欧盟公司，推进欧盟的数据处理规则和标准，解决阻碍数据流动的不合理壁垒和限制；另一方面，欧盟将帮助愿持有相同标准和价值观的国家（如非洲国家）发展数字经济。基于上述举措，欧盟数据治理体系将可能对世界各国特别是发展中国家的数字经济发展乃至社会治理体系产生重大影响，值得中国在发展数字经济国际合作中重点关注。

3. 我国数字经济企业走出去将面临新的挑战与机遇

欧盟数字化转型的核心目标是建立统一的欧盟数据单一市场。从短期看，这会形成更为严格的进入壁垒，同时也势必会在全球市场增加新的竞争力量，对我国数字经济企业进入欧盟市场产生直接不利影响。但从长期看，欧盟整体数字经济消费能力将得到较大幅度的提升，市场规模和合作潜力将进一步扩大；同时，对我国企业来说，相对于之前需要分散进入各国数据市场，欧盟数据单一市场的建立也有利于我国较快适应欧盟整体市场规则、加快进入欧盟数字经济市场。

第二章

欧盟数字化转型政策研究综述

第一节 欧盟数字化转型总体思路

一、整体目标

欧盟将自身定位为数字化转型的全球领导者,"数据赋能"社会的榜样和领导者,意图在气候中立和数字化的双重转型中保持领先地位,并提高自身竞争力和战略自主性。2020 年 2 月,欧盟委员会发布了《塑造欧盟的数字未来》(European Commission, 2020b)数字化战略,同时发表了《欧盟数据战略》(European Commission, 2020c)、《人工智能白皮书》(White Paper on Artificial Intelligence)(European Commission, 2020d)两份战略文件,旨在通过加大数字化领域投资提升欧盟的数字经济竞争力。2020 年 3 月,欧盟委员会又发布了《欧盟新工业战略》(A New Industrial Strategy for Europe)(European Commission, 2020e),与《欧盟数据战略》

《人工智能白皮书》共同构成欧盟数字化战略的重要组成部分。

欧盟数字化转型战略的目标包括以下六个方面：一是发展以满足人的需求为导向的数字技术，完善数字技术产业链，加快人工智能应用部署；二是构建一个具备公平性、竞争性和创新性的数字市场；三是以数字技术推动构建更加开放、民主和可持续发展的欧盟社会；四是创建一个单一的欧盟数据空间，以数据赋能经济社会各行各业的发展；五是参与制定全球标准，掌握数字经济的国际话语权；六是实现工业数字化转型升级，构建绿色节能、有竞争力和可持续发展的新型工业体系。

二、六大关键着力点

第一，开展全方位数字经济合作。欧盟一直实行开放而积极的国际政策。在合作对象方面，欧盟努力与各成员国、私有机构和世界各国特别是发展中经济体开展广泛合作；在合作内容上，欧盟鼓励政府、学术界、民间社会、金融机构、企业和社会组织等主体在区块链、超级计算、量子技术、人工智能等技术领域开展深入的技术研发合作；在合作方式上，欧盟通过制定"全球数字合作战略"，发布关于外国补贴措施的白皮书和标准化战略，部署符合欧盟法规的互操作技术。

第二，强调数据的核心作用。欧盟在数据的保护和利用方面独树一帜，《欧盟数据战略》深入体现了欧盟数据治理的规则和价值观。欧盟将通过数据立法，在遵守《通用数据保护条例》原则的前提下，依据《开放数据和公共部门信息再利用指令》，启动《高价值数据集实施法案》（Implementing Regulation on High-Value Datasets）的制定程序，使个人数据更好地产生社会公共价值，将更多高质量的公共数据免费提供给企业使用，特别是提供给中小企业。欧盟重视数据对工业、气候变化、循环经济、生态保护、交通、医疗健康、金融、能源、农业、教育等行业领域的赋能，期望数据促进传统行业实现转型升级。

第三，重视核心数字技术研发。欧盟将核心数字技术上升到"技术主权"的高度，在人工智能、通信网络、超级计算、量子计算、量子通信和区块链等领域构建和部署尖端的数字能力，通过制定重要技术发展战略，集聚研究和创新团队建设，提高核心技术的创新发展，旨在提升欧盟国家工业的战略自主性。

第四，强调数字市场的公平竞争。欧盟认为，构建一个公平的数字市场对于数字经济发展来说至关重要。因此，欧盟在逐步构建数字单一市场的基础上，通过《数字服务法》（The Digital Services Act）加强对大型平台企业的监管和审查，强调市场准入和公共利益，保障可竞争性、公平性、创新性。推动公平市场建设的措施还包括通过推动标准化和认证体系建设来提升欧盟产品竞争力，完善补贴机制以减少外国企业投资补贴造成的市场扭曲，借助限制措施推动各国向欧盟开放公共采购市场等。

第五，着力推动产业数字化转型升级。欧盟提出，在全球竞争激烈、地缘政治态势复杂、保护主义抬头、贸易关系紧张的大背景下，有必要保持高度的工业竞争力和战略自主性，减少关键原材料、关键技术、食品、药品、基础设施、安全等战略领域对外国的依赖。《欧盟新工业战略》聚焦促进欧盟工业数字化、绿色化转型，提出大力推动能源密集型行业转型降耗、加大清洁能源利用、以数字化促进循环经济发展。此外，欧盟还特别重视中小企业的数字化转型。

第六，重视数字化赋能社会治理与服务。欧盟强调尊重公民的基本权利，让公民更加信任技术和应用技术。例如，要推动人工智能产品和服务在公共行政、医院、公用事业、交通运输、金融监管以及其他公共利益领域的部署应用。又如，通过推进"同一个欧盟"电子健康记录交换格式，使公民可以在欧盟范围内安全地访问和交换健康数据。

三、四大转型动力

在新一轮科技革命和产业变革的大背景下，数字经济逐渐成为决胜未来全球竞争的关键领域。欧盟已经认识到数字化转型将成为刺激经济增长的关键点，希望发挥其深厚工业基础的优势，加速数字化转型进程，重回世界经济领先地位。

第一，全球数字经济发展浪潮势不可当。从技术发展来看，数字技术创新加速了经济社会形态和运行模式的变革，正在重构全球创新版图、重塑产业发展方式；从政策形势来看，数字经济已经上升到国家战略高度，全球各国纷纷部署数字经济战略，数字化作为实现数字经济和实体经济深度融合发展的重要途径，是经济社会发展的必由之路和战略抉择。

第二，欧盟急于缩小与中美的数字经济发展差距。欧盟的数字化转型程度与其在全球的综合实力并不匹配，数字经济发展落后于中国、美国，且差距日益加大，迫切需要提升自身竞争力。据世界银行数据统计，2019年欧盟经济总量约占世界经济总量的 15.77%，但数字企业占全球总市值还不足 4%[①]。据欧盟布鲁盖尔研究所数据，截至 2019 年 9 月，美国拥有194 家独角兽企业，而欧盟仅有 47 家[②]。

第三，欧盟经济发展缓慢亟须加快复苏。欧盟 GDP 份额占世界比重在持续缩小，GDP 增速远比不上中美。随着数字经济时代的到来，欧盟更加迫切需要打通各成员国市场，形成与中美相抗衡的竞争力。欧盟在 2017 年的

---

① 项梦曦. 数字经济或将引领欧洲经济复苏［N］. 金融时报，2021-01-29（8）.
② 方莹馨. 加快转型，欧盟提升数字经济领域竞争力［N］. 人民日报，2020-06-03（17）.

《欧盟数字化进程年度报告》中就已认识到，数字化的滞后严重阻碍了传统产业的创新和国际化（European Commission，2017）。如果放任数字化转型步伐落后他国，那么可能给欧盟带来严重的后果，即经济竞争力迅速下降。对于欧盟而言，数字化转型是刺激经济增长的重要途径，也是经济复苏计划的重要抓手。根据欧盟委员会数据，如果数字化战略全面实施，数字单一市场每年将为欧盟经济贡献约4150亿欧元，并创造几十万个就业岗位。

第四，欧盟希望借助传统工业优势加速转型进程。欧盟是工业革命兴起之地，在工业机器人和自动化方面研发实力突出，在多个传统工业领域拥有大量领先企业和中小型隐形冠军企业，德国、法国等欧盟成员国已从政府层面实施工业数字化转型的战略。欧盟希望依托传统工业领域的雄厚基础，抢抓制造业智能化转型机遇，在世界数字经济格局中占据主导地位。

第二节　《塑造欧盟的数字未来》政策内容

一、目标愿景

为构建一个数字驱动的欧盟社会，使欧盟成为数字化转型的全球领导者，《塑造欧盟的数字未来》（European Commission，2020b）提出要确保欧盟的"技术主权"，即巩固提升欧盟的数据、网络和通信基础设施的完整性和恢复力，部署并发展自主的关键能力，从而减少对其他国家和地区关键技术的依赖。通过提升自身关键能力，欧盟将能够在数字时代定义规则和价值观，因为欧盟的技术主权是依据欧盟公民和社会的需求来确定的，会对愿意遵守欧盟规则且符合欧盟标准的对象保持开放。此外，《塑造欧盟的数字未来》还提出应当对公民、公共部门和各种规模的私营机构开放数据，促进最大化的创新，以释放数字红利。

根据该文件，欧盟将重点聚焦三个方向进行数字化转型：一是以人为本的技术，欧盟通过构建一个强大且有竞争力的经济体，以符合欧盟价值观的方式掌握技术主权，通过技术开发、部署和应用改变人民的生活；二是公平竞争的数字经济，欧盟将建立无摩擦的单一市场，让任何规模和任何领域的企业都能在其中平等竞争，通过对数字技术、产品和服务的大规模开发和使用，提升生产力和全球竞争力，充分保障数字产品的消费者权益；三是开放、民主和可持续的社会，欧盟通过构建可信的环境，维护公民自由行动与互动，保障公民对其在线上和线下提供的数据均享有权利。

二、问题挑战

在数字化浪潮席卷之下，经济社会剧烈变革，欧盟面临以下几类值得关注的重点问题：

第一，数字空间的公民个人利益缺乏保护。非欧盟数字企业的经济和社会影响力成为重大威胁来源。一方面威胁了欧盟公民隐私，造成公民丧失个人数据控制权的现象愈演愈烈；另一方面限制了欧盟数字企业的成长，并且影响欧盟及其成员国在数字领域的执法。

第二，市场竞争规则不适应数字经济发展。在欧盟的数字市场上，基于数据创造的大部分利润由少数大型企业掌握。由于数字经济的收入来源地难以认定，企业所得税规则无法适应这一特点，导致跨国企业可以逃避在利润产生地缴税，扭曲了市场竞争。

第三，企业数字化转型机遇不均等。欧盟的中小型企业在数字化转型中面临着更高的成本，需要在转型中适应不同国家的规则，应用数字化解决方案的步伐较慢，还没有从数字化转型中受益，因此错过了许多进一步扩大规模的机会。

三、具体举措

1. 以人为本的技术

第一，加强技术研究合作。欧盟通过推动成员国之间合作，鼓励政府、学术界、民间社会、金融机构、企业和社会组织等主体参与，促进在创新技术关键领域分享经验、达成研究合作。在人工智能、网络、超级计算、量子计算、量子通信和区块链领域构建和部署尖端的联合数字能力。

第二，加大数字能力建设投资。欧盟通过制订有针对性的融资计划，使用公共资金撬动私人投资，利用资本市场联盟为创新和高科技公司获取融资提供便利。重点向连通性、深度技术和人力资本、智慧能源、交通基础设施等方面投资，实现数字技术解决方案的开发和大规模使用。加快对欧盟千兆网络的投资，修订《宽带成本降低指令》，更新《5G 和 6G 行动计划》《无线电频谱政策计划》，为车联网和自动出行部署 5G 走廊。

第三，提升企业与公民对网络、技术及应用安全的信任感。欧盟制定统一信息共享机制规则，通过协作和通用标准强化欧盟政府间互操作性，促进公共部门的数据流动。实施欧盟网络安全战略，提升网络安全防护能力和网络安全执法能力，提高公民网络安全意识。欧盟出台《人工智能白皮书》，为可信赖的人工智能行业的发展建立立法框架，并对安全性、责任、基本权利和数据等进行跟进。

第四，提高公民的受教育水平与数字技能。欧盟鼓励女性参与数字化转型，倡导在科技领域有更多的女性就业。促进技术向人口老龄化和人口下降明显的农村和偏远地区普及，弥合数字鸿沟。通过"数字教育行动计划"提高各教育阶段的数字素养，通过"技能发展计划"增强整个社会的数字素养和数字技能。完善数字平台员工法律保护，改善"平台工人"的劳动条件。

2. 公平竞争的数字经济

第一，降低欧盟对其他区域数字解决方案的依赖度。欧盟通过《欧盟数据战略》，使自身成为数字经济的全球领导者。构建欧盟数据单一市场，打造基于欧盟规则和价值观的数字空间，使作为关键生产要素的数据易于获取、使用和处理。

第二，推进中小企业数字化转型。欧盟通过《欧盟新工业战略》，促使自身工业向数字化、绿色化、可循环、具有全球竞争力的方向转型。对于中小企业数字化转型，则需要强化构建更加清晰、适合的单一市场规则，使快速成长的初创企业及中小企业能够获得融资并发展壮大。

第三，完善适用于线上的公平竞争规则。欧盟通过《数字服务法案》加强在线平台的责任并阐明在线服务的规则，将具有强大网络效应的大型平台企业定义为市场的"看门人"，保障创新者、企业和新市场进入者可以公平竞争。构建便捷的、有竞争力的、安全的数字金融框架，包括对加密资产的立法提案，提升金融领域的数字化运营能力和网络恢复能力，支持泛欧市场的数字支付服务。应对经济数字化带来的税收挑战。开展新兴市场行业调查，持续评估和审查欧盟竞争规则在数字时代的适用性，完善规则来确保可竞争性、公平性、创新性、市场准入和公共利益。

3. 开放、民主和可持续发展的社会

第一，通过制定新规则与修订规则来优化数字服务市场。在欧盟发布的《通用数据保护条例》基础上，通过《数字服务法案》强化在线平台和数字服务提供商的责任，加强对平台内容的监督。继续制定完善数字化社会必需的规则制度，使欧盟的价值观、道德准则以及社会和环境规范也适用于数字空间。

第二，修订数字身份认证 eIDAS（欧盟电子签名及信任体系）规范。进一步提高数字身份的有效性，推广可信赖的数字身份，使消费者能更好地控制与使用自己的数据。

第三，出台"欧盟人权与民主行动计划"与"支持媒体和视听产业转型的行动计划"。支持视听和媒体领域的数字化转型，推动优质内容普及和媒体多元化，以应对欧盟选举中外部干预对民主制度的威胁。

第四，利用数字技术支持绿色环保政策实施与可持续发展转型。开发高精度数字化"孪生地球"模型，提升欧盟的环境预测和危机管理能力。开展精准农业，支持减少碳排放。通过监测峰值用电时段与地点，提高能源效率，减少化石燃料的使用。通过循环电子计划延长电子装置的使用寿命，保障设备的耐用、维护、拆卸、重复使用和回收。开展信息和通讯技术行业的绿色转型，重复利用废弃能源，使用可再生能源，建立实现气候中立、高效节能和可持续的数据中心，提升通信运营商碳足迹透明度。通过推动"同一个欧盟"电子健康记录交换格式，欧盟公民将能够在欧盟范围内安全地访问和交换健康数据，依托欧盟健康数据空间的数字化健康记录，开展更有针对性的、快速的研究和诊疗，促进所有公民获得平等的、高质量的医疗服务。

4. 全球数字合作

欧盟将建立和整合欧盟整体数字化方案，推广欧盟价值观并支持非洲等发展中经济体走向数字化。实施标准化策略，部署符合欧盟规则的具有互操作性的技术，在区块链、超级计算、量子技术等新一代技术领域开发标准并在国际上推广。制定全球数字合作战略，在双边关系和多边场合推动欧盟方案。开启政策工具箱，应对外国企业投资补贴造成的市场扭曲。

第三节 《欧盟数据战略》政策内容

一、目标愿景

《欧盟数据战略》（European Commission，2020c）的理念源于欧盟的价值观、基本权利观，以及以人为本的信念，目标是创建一个单一欧盟数据空间，该空间作为一个真正的数据单一市场对来自世界各地的数据开放，并确保个人数据、非个人数据甚至是敏感的商业数据的安全。该空间是由公司、民间团体和个人组成的生态系统，在该生态系统中，数据访问更加便捷，产品和服务不断创新。在欧盟数据空间内，所有数据驱动的产品和服务均遵从欧盟的单一市场相关规范，企业可以便捷访问高品质的海量产业数据，从而促进经济可持续发展并创造价值。欧盟提出目标：到2030 年，欧盟要在数字经济中占有与其经济权重相匹配的份额。

为实现上述目标，《欧盟数据战略》提出应构建有吸引力的政策环境，采用合适的法律和管理制度来保障数据可用性，完善相关标准、工具和基础设施来提升数据处理能力，从而吸引更多数据在欧盟存储和处理。《欧盟数据战略》认为，有效的执行规则应包括以下四点：一是保障数据在欧盟内部跨部门流动；二是充分尊重个人数据保护、消费者保护和公平竞争等欧盟规则和价值观；三是要有清晰的、可靠的数据治理机制，遵循公平、明确、可行的规则来获取和使用数据；四是在尊重欧盟价值观的前提下，推动国际数据流动。

《欧盟数据战略》还认为，欧盟数据空间的发展程度取决于在新一代技术、信息基础设施、数据能力等方面的投入。一方面，应支持建立欧盟数据池，借助大数据分析和机器学习，培育数据驱动的生态系统。数据资源池的管理遵循数据保护法和竞争法，可以集中或分散管理，数据贡献者将获得更多数据访问权限或数据分析结果。另一方面，要推动各部门各行业数据能力的协同发展，由于经济社会的每个领域都有其自身的特殊性，不同部门的发展速度不尽相同。在推动欧盟数据空间跨部门行动的同时，应在制造业、农业、健康、交通等战略领域同步构建行业数据空间。

二、问题挑战

欧盟各成员国在数据治理规则方面的进展各不相同，阻碍了欧盟形成真正的数据单一市场。为充分释放数据潜力，需要破解以下问题：

第一，数据的可获得性不足。目前可用于创新应用的数据还不充足，需要进一步保障公共机构、中小型企业或初创企业能够使用公共数据服务于社会。《开放数据和公共部门信息再利用指令》促进公共部门向企业、科研机构和个人开放更多的数据（G2B）。但目前私营机构直接的数据共享（B2B）和私营机构对政府开放数据（B2G）还很不充分，物联感知等数据的使用权限还不够明晰。

第二，市场力量存在失衡现象。少数大型在线平台可能掌握大量数据，凭借数据优势获得市场支配地位，从而单方面设置数据访问和数据使用规则。这可能会阻碍中小企业进入市场，破坏公平竞争，不仅影响平台所在的市场，还会连带影响平台上商品和服务的市场。

第三，数据互操作性和质量存在问题。数据互操作性、质量、真实性和完整性对数据利用至关重要。当前数据生产者和使用者之间存在较大的互操作性问题，影响跨行业、不同来源数据的融合。需要持续推进标准化进程，在互操作性框架下采集和处理不同来源的数据。

第四，技术高度依赖外部供应商。欧盟的云服务供应商在市场中所占份额很小，本土小型供应商知名度不高，对外部云服务供应的依赖较高，造成欧盟数据的安全风险，并可能因此失去数据处理产业的市场竞争力。

第五，数字技能和素养不足。欧盟存在较为明显的"数字鸿沟"问题，部分人口的基本数据素养相对较低。同时，数据分析领域专家储备不足，劳动力缺口较大。数字技能和素养方面的短板将影响欧盟数据战略的实施。

三、具体举措

1. 建立数据共享和使用的治理框架

为了促进数据的跨部门共享和使用，建立数据敏捷型经济及其发展生态，欧盟需要立足各成员国和各行业发展实际，加强数据治理的总体架构设计，制定灵活的、迭代式的、差异化的数据治理措施。

第一，欧盟将建立公共数据空间治理的法律框架。该框架拟解决的问题包括：加强欧盟及成员国在跨部门数据使用方面的治理机制；明确在《通用数据保护条例》框架下，哪些数据可被使用、如何使用、由谁使用；明确在遵守《通用数据保护条例》原则的前提下，如何使个人数据更方便地产生社会公共价值。

第二，欧盟依据《开放数据和公共部门信息再利用指令》，制定《高价值数据集实施法案》，致力于免费提供更多高质量的公共数据，特别是给中小企业提供数据。

第三，欧盟委员会将研究可能阻碍建立数据敏捷型经济的若干关键数据共享和使用问题，并将这些问题纳入《数据法案：关于公平访问和使用数据的统一规则》中。这些问题涉及如何促进企业对政府（B2G）的数据共享，如何破除限制企业间数据共享（B2B）的现有障碍，在何种情形和条件下可以采取强制访问的数据措施，重新评估知识产权框架以促进数据访问和使用等。

第四，欧盟委员会还将评估如何采用更加有效的方法建立用于数据分析和机器学习的数据池。

第五，在市场公平竞争方面，欧盟委员会将专门为利益相关方和具体项目提供欧盟竞争法案有关指导，密切关注商业收购中数据积累对市场公平的影响。欧盟委员会还将调查和分析数据在数字经济中的重要性，并在《数字服务法案》的背景下审查现有政策框架，正确处理平台和数据的关系，以确保市场的开放和公平。

第六，欧盟将考虑采取减少行政负担、降低市场壁垒、增加政府采购等措施，促进在产品和服务中使用数据。

2. 加强欧盟数据处理能力和云服务能力投资

为进一步促进数据驱动的创新环境和数据敏捷经济的建立，欧盟委员会在2021~2027年实施欧盟公共数据空间和云基础设施重大项目。该项目的资金总额预计会达到40亿~60亿欧元，将重点投资基础设施、数据共享工具平台、数据处理技术架构、数据治理框架、绿色可信云基础设施以及相关服务。

公共数据空间兼具安全性、数据保护特性、互操作性及可扩展性的数据处理和计算能力，解决安全和信任问题，克服法律和技术障碍，实现欧盟范围的跨组织数据共享。此外，该项目还将连接欧盟已有的高性能计算资源和数据处理资源，将欧洲开放科学云（EOSC）和数据与信息访问服务云平台（DIAS）等资源进行互联。

该项目将为欧盟的中小企业提供安全的、可持续的、可互操作的和可扩展性的数据和云基础设施服务，使欧盟企业可以从数据生成、处理、访问和再利用的完整价值链中获益，快速访问人工智能、模拟建模、数字孪生和高性能计算等资源，抓住边缘计算、5G和物联网等新技术发展带来的机遇。

在项目的实施中，为了保护欧盟企业和公民的权益，欧盟委员会特别关注云服务提供商遵守欧盟《通用数据保护条例》《非个人数据自由流动条例》《网络安全法》等规则的情况。制定《云规则手册》，规范现有云行为准则、安全认证、能源效率、服务质量、数据保护和数据可移植性，并制定与《云规则手册》一致的数据处理服务采购标准和相关要求。欧盟还将启动云服务市场建设，整合全套云服务产品，为政府部门和中小企业提供更加透明、公平的云服务。

3. 赋予个人数据权利、提高个人数据应用技能和促进中小企业发展

欧盟将赋予个人更多的数据使用权，使个人能够应用更多的数据控制工具和手段，并拥有个人数据空间来管理自己的数据。欧盟将通过《通用数据保护条例》第20条提升个人的数据可携带权，并将其上升为《数据法案：关于公平访问和使用数据的统一规则》的一部分，有利于个人控制机器生成数据的访问和使用权限。

欧盟在"数字欧盟计划"下专门设置了用于提高个人大数据能力和分析能力的资金，将为25万人提供最新的技术培训。预计到2025年，拥有基本数字技能的欧盟人口比例将从2020年的57%提高到65%，欧盟和成

员国的数字专家缺口数与2020年的100万人相比将减少一半。

欧盟将利用"欧洲地平线计划""数字欧洲计划"以及投资基金通过孵化计划等方式帮助中小企业，有利于中小企业更好地获得数据并开发基于数据的新服务和新应用，同时为中小企业和初创企业提供法律和监管方面的建议，帮助企业抓住数据商业模式带来的诸多机会。

4. 在关键领域率先启动"数据空间"行动

欧盟委员会考虑在重要的战略性经济领域和公共服务领域率先开展"数据空间"行动，优先强化数据资源、数据处理工具、基础设施和治理机制，并推广成功经验。首批提到的九个数据空间及其目标如下：

第一，欧盟工业（制造业）数据空间。释放非个人数据的潜在价值，促进欧盟工业竞争力和成效的提升。

第二，欧盟绿色协议数据空间。支持气候变化、循环经济、零污染、生物多样性、森林砍伐等方面的绿色协议，以及"绿色数据""数字孪生地球"等具体行动。

第三，欧盟交通数据空间。促进以网联汽车为代表的智能交通系统的发展。

第四，欧盟卫生数据空间。支持疾病的预防、检测和治疗，提高医疗健康信息系统的易用性、有效性和可持续性。

第五，欧盟金融数据空间。构建更加透明、可持续和一体化的市场。

第六，欧盟能源数据空间。推动跨部门能源数据共享，促进能源解决方案的创新和能源的脱碳化进程。

第七，欧盟农业数据空间。提高农业部门的产能和产业竞争力，提升农业生产方法的精确性和针对性。

第八，欧盟行政管理数据空间。提高公共支出的透明度和问责力度，打击腐败，强化执法，支持监管、备案、执法等方面的公共服务应用和技术创新。

第九，欧盟技能数据空间。促进教育培训机构与劳动市场需求的更好匹配。

5. 实行开放而积极的国际政策

欧盟着力引领和支持数据相关国际合作、塑造全球数据标准、创造经济和技术蓬勃发展的环境。为应对在第三国运营的欧盟公司面临的不合理壁垒和限制，欧盟将继续在双边会谈和国际论坛中设法解决这些数据流动的不合理障碍，推广和维护欧盟的数据处理规则和标准。欧盟委员会将在数据保护和安全、公平、可信的市场规则方面特别注意维护个人及企业的权利和利益。欧盟采取开放而积极的国际数据合作政策，提出欧盟应确保与第三国自由的、安全的数据流通，但必须在保护隐私等欧盟基本价值观的基础之上促进可信国家之间的数据转移和共享。任何对公民个人数据和商业敏感数据的访问都要保证符合欧盟的价值观，不违背欧盟的数据隐私保护规则，且应遵守欧盟的公共安全、公共秩序和其他公共政策。

欧盟继续加强关于促进国际数据流动的战略分析，计划创建欧盟数据流测量分析框架，该框架包括可靠的方法、经济评估和数据流收集机制。这将有助于欧盟更好地了解欧盟内部与世界其他地区之间的数据流动模式，为合理的政策制定提供支撑，同时有助于推动适当的基础设施投资，以促进数据流动。欧盟将在适当的时候与相关金融组织和国际组织在数据流测量框架方面开展合作。

欧盟利用其有效的数据监管和政策框架，吸引其他国家和地区的数据存储和处理，并促进基于这些数据空间的高附加值创新。欧盟还将与世界各地的合作伙伴一起积极推广欧盟的标准和价值观,包括依托多边论坛打击政府过度采集数据、违规获取个人数据等滥用数据的行为。为了在世界范围内推广欧盟模式,欧盟将与拥有相同标准和价值观的可信赖伙伴合作。例如,欧盟将支持非洲发展数字经济,以惠及非洲的公民和企业。

第四节 《人工智能白皮书》政策内容

一、目标愿景

人工智能是数据、算法和计算能力的技术集合,计算技术的进步和提高数据可用性是当前人工智能兴起的关键驱动力。欧盟认为,虽然自身在消费者应用程序和线上平台方面相对较弱,导致了数据获取方面的劣势,但凭借自身在下一代人工智能专用处理器、量子计算、人工智能算法等方面的优势,有条件把握数据浪潮带来的机遇。欧盟意图立足其技术优势、工业优势和高质量的数字基础设施,建立基于欧盟基本价值观的统一人工智能监管框架,实现《欧盟数据战略》中所述的目标,成为数字经济及其应用创新的全球领先者。

人工智能技术发展在带来机遇的同时也伴随着诸多风险,由于信息的不对称性和法律的不确定性,个人和企业对人工智能缺乏信任成为阻碍人工智能广泛应用的重要因素。《人工智能白皮书》(European Commission, 2020d) 阐述了在充分尊重欧盟公民的价值观和权利的前提下,实现欧盟人工智能可信赖及安全发展的政策选择。《人工智能白皮书》提出了一个卓越的、可信赖的人工智能框架,旨在通过公共部门和私营机构的合作调动全产业链资源，建立合适的激励机制，以促进人工智能部署，提升欧盟在全球人工智能市场上的竞争力。具体来说，一是研发以人为本的技术；二是打造公平且具有竞争力的经济环境；三是建设开放、民主和可持续发展的社会。

二、问题挑战

尽管人工智能能带来多种好处，但同时也会造成个人生命安全、健康、财产等物质性危害和个人隐私泄露、言论自由受限、歧视、人格尊严受损等非物质性危害，并且可能带来大量风险。欧盟需要建立一个针对可信赖人工智能的监管框架，目的是保护基本人权、保护安全并规定其他与责任相关的事项，用于最大程度减少各种潜在风险，尤其是显著风险和重大风险。

第一，人工智能可能造成侵犯基本权利的风险。目前，公民和法律实体越来越多地受制在人工智能系统辅助下采取的行动和决定。尽管歧视和偏见是经济社会活动的固有风险，由于人工智能系统整体设计中的缺陷，或使用可能存在偏差且未经纠正的数据进行训练，人工智能可能放大性别、年龄等歧视或偏见，从而导致对公民基本权利的侵犯。另外，人工智能跟踪和分析人们日常习惯，还可以用于对个人的数据进行回溯和去匿名化处理。即便数据集本身不包含个人信息，也有可能对数据安全和个人隐私造成新的风险。人工智能技术的上述特点可能难以判定其是否符合欧盟现行的法律规定，并可能妨碍法律规定的有效执行。执法机构和受影响的人员可能缺乏手段来验证某项由人工智能参与决定的决策是如何做出的，因此也无法验证其是否遵守了相关规则。在此类决策可能会对其产生不利影响的情况下，个人和法律实体可能难以有效地诉诸司法。

第二，人工智能可能带来安全风险和责任制度的运作风险。一方面，人工智能技术应用于产品和服务时，可能会给个人用户带来安全风险。例如，自动驾驶汽车可能会由于对象识别技术的缺陷而对道路上的物体产生错误的识别，引发事故，从而导致人身伤害和财产损失。随着人工智能的广泛应用，这类风险将不断增加。另一方面，人工智能技术参与决策造成的安全风险转化为现实损害之后，由于缺乏应对风险的明确规则，将导致责任难以追溯，使遭受损害的个人难以根据现行的欧盟和国家的责任法规获得赔偿。这将既可能给在欧盟销售人工智能产品的企业带来法律上的不确定性，也可能会降低总体安全水平，从而损害企业的竞争力。

三、具体举措

1. 构建"卓越生态系统"，促进人工智能应用

（1）促进成员国协同合作。为落实 2018 年 4 月通过的《欧盟人工智能战略》，2018 年 12 月欧盟委员会提出了《促进人工智能在欧盟发展和应用的协调行动计划》，该计划将持续到 2027 年，通过数十项联合行动促进欧盟各成员国和欧盟委员会在研究、投资、市场销售、技能和人才、数据和国际合作等关键领域开展更加紧密有效的合作，该计划旨在使研究、创新和应用方面的投资效果最大化。在人工智能经费方面，欧盟预期在 2020~2030 年每年吸引超过 200 亿欧元投资，集中投向依靠单一成员国无法达成的领域。同时，欧盟通过"数字欧洲计划""欧洲地平线"等计划提供资源，以激励私人投资和公共投资向欧盟内部的欠发达地区和农村地区倾斜。

（2）凝聚研发创新力量。目前欧盟人工智能研发能力较为分散，尚未出现一家规模足以与全球领先机构竞争的研究机构。为了打破这样的格

局，欧盟亟须建立更多人工智能研发的联合体和合作网络，整合形成高度专业的"灯塔"研发中心，促进协同增效，吸引人工智能领域最优质的研发人才、大量投资并发展尖端技术。研发中心应聚焦发展工业、医疗卫生、交通、金融、农产品价值链、能源与环境、林业、地球观测与空间等欧盟有潜力占据全球领先地位的产业。同时应重视建立测试和试验场所，以支持人工智能技术在上述产业的创新应用。

（3）加强人工智能技能培训。欧盟委员会将尽快提出加强技能的计划，以确保每个人都能从欧盟经济的绿色化和数字化转型中受益，同时还要提高监管部门的人工智能技能以保障高质高效地执法。欧盟修订《数字教育行动计划》将有助于更好地利用数据和机器学习、预测分析等基于人工智能的技术，提升适应数字化时代的教育和培训系统，在所有教育层级中提高人们对人工智能的认识，培养民众接受人工智能带来的持续影响；修订《人工智能协调计划》以适应人工技术变革，优先事项是开展劳动力培训，培养在工作中利用人工智能的必要技能。人工智能"灯塔"研发中心将在吸引人才的同时，也发展和传播立足于欧盟的先进技术。

（4）支持中小企业应用人工智能。欧盟高度关注中小企业可以访问和使用人工智能的重要性。欧盟委员会将与成员国合作，通过"数字欧洲计划"确保每个成员国至少有一个高度专业化的人工智能数字创新中心，为各国中小企业提供支持，帮助它们理解和利用人工智能。通过进一步加强数字创新中心和人工智能需求平台建设，增进中小企业之间的合作。根据欧盟委员会数据，欧盟委员会和欧盟投资基金在 2020 年第一季度启动 1 亿欧元的试点计划，为人工智能的创新发展提供股权融资，同时从 2021 年起大幅扩大人工智能的资金支持。

（5）构建公私机构合作关系。在"欧洲地平线"项目的背景下，欧盟委员会将在人工智能、数据和机器人领域广泛开展公有机构和私有机构的协作，以确保私有机构充分参与研究和创新议程的制定，并提供必要的投资。公私机构将共同推进数字创新中心和实验设施的建设，推动人工智能领域研究与创新的协调发展。

（6）推动公共部门对人工智能的应用。有必要尽快开始在公共行政、医院、公用事业和运输服务、金融监管以及其他公共利益领域部署基于人工智能的产品和服务。尤其是医疗卫生和交通运输领域的技术已经成熟，可以开展大规模部署。欧盟委员会将发起公开透明的部门对话机制以促进人工智能的研发、测试和应用，优先考虑在医疗卫生、农村行政管理和公共服务管理领域开展。基于该部门间对话机制，欧盟将制订一个具体的"人工智能应用方案"，以支持政府采购人工智能系统，并优化政府采购流程。

（7）确保对数据和计算基础设施的访问。海量新数据为欧盟提供了占据数据和人工智能转型前沿的机会，数据是人工智能和其他数字应用的发展之本，改善对数据的访问和管理很有必要。为了保障数据的可信和可复用性，需要推动尽责的数据管理实践，并遵从数据 FAIR 原则（可发现、可访问、可互操作和可重用）。同时，欧盟委员会高度重视对关键计算技术和基础设施的投资，将通过"数字欧洲计划"提供超过 40 亿欧元的资金以支持高性能和量子计算，促进边缘计算、人工智能、数据和云基础设施的优先发展。相关行动对《欧盟数据战略》形成了补充。

（8）密切关注国际合作。欧盟认为，人工智能领域的国际合作必须基于对尊严、多元化、包容性、非歧视、隐私和个人数据保护等基本权利的尊重，并向全世界输出该价值观。在围绕共同价值观和人工智能应用伦理建立合作联盟方面，欧盟认为自身已处于全球领先地位，对经济合作与发展组织、G20 等国际组织的规则制定产生了影响。欧盟将基于自身规则和价值观，与志同道合的国家和其他参与者开展人工智能方面的合作，对第三国限制数据跨境流动的政策保持跟踪，并在贸易活动中采取限制措施。

2. 构建"信任生态系统"，形成人工智能监管框架

（1）进一步补充完善与人工智能相关的法律法规。欧盟委员会认为，需要评估现有法律法规是否有效应对人工智能带来的系统性风险，并对现行立法框架进行调整：一是需有效适用和执行现有的欧盟和国家立法，由于人工智能技术具有不透明性等特性，有必要调整或明晰某些领域的现行立法，确保其适用于人工智能技术发展并可有效执行；二是现行欧盟立法范围具有局限性，目前生效的欧盟一般安全立法仅适用于产品，而不适用于服务，因此原则上也不适用于基于人工智能技术的服务；三是现行法律主要关注产品投入市场时存在的风险，但将人工智能系统集成于产品中，产品功能可能会随着系统更新和机器学习而发生变化，从而产生投入市场时尚无法识别的新风险；四是供应链中不同经济主体之间的责任分配存在不确定性，欧盟产品安全立法规定由最终产品的生产商承担责任，但如果产品集成的人工智能技术是在产品投入市场后，由生产方以外的主体添加的，那么关于产品安全风险的责任分配会变得不明确；五是需要应对安全概念的变化，使用人工智能技术可能会衍生出与网络威胁、人身安全相关的一系列风险，例如智能家电导致的人身安全风险、数据错误带来的决策错误等，欧盟立法对此还缺乏明确的应对方案，应加强人工智能威胁的态势评估。

（2）确定欧盟人工智能监管框架的适用范围。欧盟认为，确定人工智能监管框架适用范围的关键是对人工智能进行清晰的定义。人工智能的主

要组成部分是数据和算法,可以集成在硬件中。在任何新的法律文本中,人工智能的定义都需要具备充分的灵活性,足够严谨,能够适应技术发展并具备必要的法律确定性。欧盟对消费者权利保护、数据隐私保护、不正当竞争等已经有一套严格的法律框架,同时在医疗、运输等特定行业制定了针对性的规定;为应对数字化转型以及人工智能的使用,现行法律法规将继续适用,已经受到被现行法律规制的部分将继续受到法律约束,但法律框架有必要更新:原则上,新的人工智能监管框架应能够有效实现其监管目标,但不能过于事无巨细,更不应给中小企业带来过重的合规负担。为此,欧盟采用风险导向的路径来制定新的监管框架,为"高风险"人工智能应用制定了清晰、普适、具有法律确定性的标准。当人工智能应用被部署在医疗、运输、能源等可能存在重大风险的特定行业,且人工智能应用的使用方式可能引起重大风险,或为生物识别等特定目的使用人工智能应用,则该应用被认定为"高风险"。未被确定为高风险的人工智能应用仍应全面遵循现行欧盟规定。

(3)面向高风险人工智能应用进一步阐明法律要求。在人工智能监管框架中,欧盟有必要针对高风险人工智能应用的训练数据、数据记录留存、信息提供和告知、鲁棒性和准确性、人类监督和远程生物识别等特定应用确定强制法律要求。为保障法律确定性,这些要求将通过标准进一步细化明晰。例如,对用于训练高风险人工智能应用的数据集,应保证其规模和代表性以避免造成年龄、种族等禁止性歧视,应留存数据集、数据筛选方法、数据训练方法及相关书面记录供有关机构测试和检查,并应明确向使用者告知人工智能系统的功能和局限性。对于无人驾驶、福利审核等人工智能决策系统,应设计人类审批确认、实施干预、后期复核的机制。对于远程生物识别,除了特殊的、正当的公共利益原因外,原则上禁止以识别特定自然人为目的来处理生物特征数据。

（4）明确高风险人工智能应用相关法律的适用主体。一方面，人工智能系统生命周期的各个环节有不同的参与者，需要考虑如何在有关参与者之间分配义务。监管框架中的每一项义务都应由最能应对潜在风险的参与者承担，例如人工智能开发阶段产生的风险应由开发人员承担，而人工智能使用阶段控制风险的义务应由部署人员承担。另一方面，为保障监管框架的实际效果，需要考虑立法干预的地域管辖范围。监管框架中的规定针对所有在欧盟提供人工智能产品或服务的经营者都适用，即使是在欧盟未设立机构的经营者也受到约束。

（5）制定保障有效执法的评估机制。为验证并确保上述适用于高风险人工智能应用的特定强制要求得到遵守，欧盟有必要对高风险人工智能应用采取客观的事前合格性评估，包括测试、检验、认证、检查算法和开发阶段使用的数据集，并在人工智能应用的整个生命周期反复评估。针对高风险人工智能应用的合格性评估应被纳入欧盟市场已经存在的产品合格性评估机制，无论是否在欧盟设立经营机构，所有符合规定的经营者都必须接受合格性评估。同时，对任何风险等级的人工智能应用，通过事前合格性评估并不能免除事中合格性监测和事后执法。为了更好地提升人工智能应用合格性，欧盟既可以考虑通过设立数字创新中心等支持机构来降低中小企业的负担，也可以利用标准和专用在线工具促进合格性评估。

（6）非高风险人工智能应用的自愿认证。建立自愿认证体系，未被认定为"高风险"的人工智能系统可选择参加，结合事前、事后的评估和检查来确保相关强制性要求约束都得到遵守。获得自愿认证代表相关经营者的人工智能产品和服务是可信赖的、符合欧盟标准的，可供用户识别和参考。这将有助于提升用户对人工智能产品和服务的信任，从而促进人工智能技术的全面应用。

（7）建立欧盟各成员国合作的治理架构。一方面，为了避免责任碎片化、促进法律实施、支持欧盟成员国履职，有必要依托欧盟层面各部门和各成员国政府，建立合作治理架构。治理架构应能够保证消费者组织、企业、研究机构和民间社会组织等各类利益相关者的最大化参与，应与金融、制药、航空、医疗器械、消费者保护、数据保护等已有治理架构的职能形成错位和互补，帮助欧盟及欧盟各成员国主管部门监督涉及人工智能系统、产品和服务的经营活动。如果采用上述方式，则可以由成员国指定的机构进行合格性评估。另一方面，应充分利用欧盟拥有的优秀的检测和评估中心，对人工智能系统进行独立、客观、可信的审计和评估。成员国的经营者可以委托欧盟内指定机构开展合格性评估，设立于第三国且希望进入欧盟内部市场的经营者也可以在双边认可协议的基础上委托第三国指定机构进行评估。

第五节　《欧盟新工业战略》政策内容

一、目标愿景

工业是欧盟经济的基础，占欧盟 GDP 的 20%以上，提供了约 3500 万个就业岗位，贡献 80%的商品出口，在促进欧盟经济增长中发挥了至关重要的作用。为了应对多方面新挑战，欧盟制定全新的工业战略，通过《欧盟新工业战略》（European Commission，2020e）加速欧盟工业的创新与变革。《欧盟新工业战略》旨在推动欧盟工业在绿色化和数字化的双重转型中保持领先，意图抢占数字化工业主导地位、提升全球数字竞争力、释放数字经济潜力，以应对全球经济前景的不确定性。战略提出，绿色、循环、数字化是工业转型的关键驱动因素。

《欧盟新工业战略》文件提出三个关键目标：一是在 2050 年前，欧盟成为全球首个气候中立的地区；二是利用欧盟单一市场的影响力和规模，取得举足轻重的国际话语权，并制定全球标准；三是利用数字技术改变工业模式，塑造数字未来。

二、问题挑战

第一，国际竞争不断增加。欧盟工业面临诸多不利因素，地缘政治现实不断变化，全球竞争、保护主义、市场扭曲、贸易紧张、规则体系的挑战持续增加，新的竞争对手正在崛起，传统合作伙伴选择新的道路，全球经济不确定性即将到来。为应对上述趋势，欧盟亟须推动绿色化和数字化的双重转型，利用其单一市场的影响力、规模和一体化来制定全球标准，以增强欧盟工业的战略自主性和行业竞争力。同时，欧盟需要继续拓展和维护其海外战略利益，推动基于多边贸易体系的自由和公平贸易。

第二，绿色增长需求不断提升。2019 年底《欧洲绿色协议》（European Green Deal）提出到 2050 年，欧盟成为世界上第一个碳中和地区。在此趋势下，为了使工业更加环保、可循环、具有竞争力，工业价值链上的所有部门都必须努力减少碳足迹，通过清洁技术解决方案和新的商业模式来加速转型。为此，还需要保障清洁的、价格合理的能源和原材料的安全供应。为了实现碳中和目标，需要争取欧盟及各成员国层面的政策和金融工具支持，中小企业的参与也至关重要。

三、具体举措

1. 构建更加深入和数字化的单一市场

（1）全面实施和执行单一市场立法。成立由欧盟成员国和欧盟委员会组成的单一市场执法联合工作组，确保单一市场规则的实施与执行。消除税收等企业在跨境经营时面临的壁垒，促进单一市场的融合，汇聚欧盟和全球价值链中各种规模的企业。按照《欧盟数据战略》，在特定领域启动欧盟数据空间，以发展数据经济。

（2）实施欧盟中小企业可持续和数字化转型战略。数字时代，精通技术的中小企业可以帮助更多成熟的工业企业适应新的商业模式、创造新的工作形态。欧盟应支持初创企业，发展平台经济；同时面向新的工作形态，需要及时更新对在线平台从业人员的保护手段，改善其工作条件。

（3）推动标准化和认证体系建设。制定新的标准和技术法规，构建稳健、运转良好的标准化和认证体系，有助于提升法律确定性，并扩大单一市场的规模。为提高行业竞争力，欧盟需要更多地参与国际标准化机构，推广欧盟标准。

（4）实施知识产权战略。品牌、设计、专利、数据、专有技术和算法等知识产权对欧盟企业的市场价值和竞争力至关重要，是企业的无形资产。为了维护和加强欧盟的技术主权，保护和发展企业独有的竞争力因素，需要评估并升级完善知识产权的法律框架，更好地打击知识产权侵权行为。

（5）评估、审查并在必要时调整欧盟竞争规则。考虑到数字技术的进步和国际竞争形势的不断变化，欧盟需要对现有竞争规则框架进行审查，并确保竞争规则的适用性。一方面，审查与反垄断补救措施有关的规则，探索如何在经济社会的新兴市场使用行业调查工具，以加快问题监测和调查；另一方面，对并购控制措施和各种国家援助规则进行适用性检查，为避免"自相残杀"的补贴竞争，将在能源和环境援助等领域优先实施修订后的国家援助规则。

2. 维护全球贸易的公平竞争环境

（1）应对外国投资补贴造成的市场扭曲。充分利用欧盟完善的贸易防御机制工具箱，探索加强反补贴机制和工具的最佳方案。推动世界贸易组织强化关于工业补贴的全球规则，从而在谈判中取得更高的话语权。

（2）推动各国开放公共采购市场。为应对其他国家在公共采购领域对欧盟企业的歧视性做法，持续推进《国际采购规则》等措施，加强外国参与欧盟公共采购和投资的准入审查。为欧盟企业进入外国国有企业母国市场创造互惠机会，消除欧盟企业进入其他国家市场的障碍。

（3）加强海关管制。推动欧洲经济共同体关税同盟加强海关管制，以确保进口产品符合欧盟规则。通过立法允许在边境实施全数字化通关。

3. 支持企业脱碳转型和发展低碳能源

（1）能源密集型产业的现代化和脱碳化转型。为钢铁、水泥和基本化学品等产品研究新的工业流程和更清洁的技术，降低成本和碳排放：一是支持突破清洁炼钢技术，从而实现零碳炼钢工艺；二是可持续性化学品战略，开发安全的和可持续的替代品，更好地保护人和环境免受危险化学品的危害；三是提高建筑材料的能效和环保性能，营造可持续的建筑环境。欧盟将通过创新基金支持能源密集型行业的转型，并启动技术和咨询服务平台，为碳密集地区和行业提供技术和咨询支持。

（2）发展可再生能源。一方面，以"能源效率优先"为原则推动行业减排，对低碳发电技术和基础设施进行规划和投资，实施欧盟海上可再生能源战略，战略发展离岸能源等可再生能源供应链；另一方面，启动跨部门的"智慧行业整合战略"，强化泛欧能源网络建设，确保以有竞争力的价格提供安全、充足的电力、天然气、绿色液体燃料和清洁氢气等低碳能源。

（3）大力支持智能交通。实施可持续智能交通综合战略，通过基础设施建设和实施强有力的激励措施，最大限度地发挥该行业的潜力，保障欧盟处于研究和创新的前沿地位。特别关注汽车、航空航天、铁路和船舶制造业及替代燃料领域，面向行业价值链制定安全的、可持续的、可访问的、有弹性的国际标准。

（4）建立碳边界调节机制。由于企业出于规避监管和降低成本的目的向排放政策更加宽松的地区转移生产，导致本应减少的碳排放转移到其他地区的"碳泄漏"风险日益增加，在符合世界贸易组织规则的前提下建立应对碳泄漏风险的碳边界调节机制。

4. 构建循环经济以提升工业竞争力

（1）确立可持续产品政策框架。巩固欧盟在循环经济领域的先发优势，为所有产品确立可持续性原则，改变设计、制造、使用和处理产品的方式。将优先考虑具有高影响力的产品群体，行动将包括关于通用充电器的倡议、循环电子倡议、电池的可持续性要求，以及纺织行业的新措施。通过减少环境影响、缓解稀缺资源的竞争和降低生产成本来确保欧盟工业成为一个更清洁、更具竞争力的行业。

（2）让消费者在循环经济中发挥更积极的作用。消费者应能够获得可信的相关信息，以选择可重复使用、耐用和可修复的产品。欧盟将提出改善消费者权利和保护的方法，为消费者争取"修理权"。

（3）通过公共部门的采购引导可持续发展。公共部门应以身作则选择环境友好的商品、服务和工程，通过关于绿色公共采购的立法和指导意见，形成可持续消费和可持续生产的导向。

5. 通过技术创新引导产业转型

（1）将前沿科学和深层次技术视为竞争力的关键。推动政策制定从规避风险转向容忍失败，加大对颠覆性和突破性研究与创新的投资，以物理世界、数字世界和生物世界融合发展推动产业创新。鼓励和支持中小企业进行创新和成果转化，以此应对中美两国企业在全球研发支出中所占份额连续五年上升的趋势。

（2）鼓励政府和社会资本合作推动创新。参照行业联盟中的成功经验，工业部门应在私营机构的研究和技术支持下制定自身的气候中立路线图或数字领导力路线图。通过数字创新中心等形式为企业提供技术测试的一站式服务。鼓励各地区基于本地的特点、优势因地制宜开展创新，政策制定者、监管机构与中小企业、消费者一起开发测试新的技术解决方案。成功的商业模式创新可以推广到欧盟市场。

6. 开展面向企业数字化转型的技能培训

（1）培育和招引符合市场需求的劳动力。欧盟目前有 100 万个数字技术专家空缺，预计到 2030 年，欧盟向低碳经济的转型将创造 100 多万个就业岗位。一方面，欧盟要对制造业工人进行技能培训，以适应数字化、自动化和人工智能的技术进步；另一方面，欧盟需要完善高等教育、职业教育和培训体系，为市场提供更多的科学家、工程师和技术人员。同时需要更好地吸引国外的技术人才。

（2）支持全民的终身学习。制定"技能公约"，面向具有较高增长潜力的行业和较大变化的行业，推动成员国、产业界和其他利益相关者采取集体行动，增加教育和培训的投资，让终身学习成为现实。

（3）保持工业界的性别平衡。鼓励女性学习科学、技术、工程和数学，从事技术职业并投资于数字技能，从而改善企业创建者和企业领导者的性别平衡。

第六节　新冠肺炎疫情下欧盟数字化转型相关政策及举措

如今，特别是新冠肺炎疫情之后，欧盟数字化转型相关政策及举措包括以下几方面：

1.《欧盟复苏计划》积极挽救遭新冠肺炎疫情重创的经济

新冠肺炎疫情造成欧盟大多数工业的运转能力下降，供应链和生产线、商品和服务贸易中断，导致欧盟经济急剧收缩，纺织、交通运输、能源密集型产业和可再生能源行业受到重创，中小型企业将持续面临融资难题，从事低技能和临时工作的人将面临收入下降或失业威胁。在此背景下，欧盟委员会提出"下一代欧盟"复苏计划提案，提议在1.1万亿欧元的欧盟多年期财政预算基础上增加7500亿欧元的专项复苏基金①，以支持各成员国克服新冠肺炎疫情引发的公共卫生和社会经济危机，修复新冠肺炎疫情造成的直接经济和社会损害，启动经济复苏。《欧盟复苏计划》（European Commission，2020f）推进实现绿色经济和数字战略两大转型升级目标，加速绿色和数字双重转型。该计划的重点投资领域包括绿色投资、数字单一市场、社会保障、公共卫生、应急管理等，其中数字单一市场又包括数字技术、数据共享、数字市场服务和网络安全等方面。

---

① 鞠辉．多重危机持续考验欧盟凝聚力［N］．中国青年报，2020-07-09（3）．

（1）向数字技术投资。优先向人工智能、网络安全、安全通信、数据和云基础设施、5G 和 6G 网络、超级计算机、量子和区块链等战略数字能力投资，弥合在新冠肺炎疫情防控期间变得越发明显的数字鸿沟。特别是 5G 的部署将对整个数字社会造成溢出效应，为卫生、教育、运输、物流和媒体等提供必要的带宽，并增强欧盟的战略自主权，这对于提升欧盟经济竞争力和欧盟经济复苏至关重要。

（2）向数据共享领域投资。通过有关数据共享和治理的立法行动来处理各成员国和欧盟各部门之间的数据共享问题，解决数字贸易的障碍，使欧盟有能力在全球范围内竞争。建立公共数据空间，加强对数据可移植性、访问性等问题的治理，向公共部门利益提供高价值的政府数据集，向中小型企业提供更开放的数据访问渠道，为更好地访问和控制工业数据创造条件。

（3）向数字市场服务投资。面向互联网购物和在线商业模式的迅速发展，建立针对在线平台的明确规则，完善数字服务的法律框架。防止大型平台滥用数据带来的市场支配力，从而保障公平的市场竞争。同时应集中精力减轻企业的行政负担，通过电子签名、电子合同等数字工具简化管理流程，优先考虑开发国家电子采购系统对公共采购进行数字化管理。

（4）向网络安全投资。增强欧盟层面的合作，加强对网络和信息系统安全性指令的审查以及对关键基础设施的保护，增强欧盟成员国内部和欧盟整体的网络安全水平，进而提升欧盟的工业水平。

2. 《欧盟新工业战略》将工业竞争力上升到国家层面

在全球竞争激烈、地缘政治态势复杂、保护主义抬头、贸易关系紧张等大背景下，欧盟将工业转型上升到了国家层面，认为必须保持高度的工业竞争力和战略自主性，核心是减少关键原材料、关键技术、食品药品、基础设施、安全等战略领域对外国的依赖。

（1）强化战略性数字基础设施。欧盟提出战略性数字基础设施是保障数字化转型、安全和技术主权的关键，将在2030年前部署基于量子密钥的安全通信基础设施，以保护欧盟及其成员国的关键数字资产。为了抢抓未来数字服务和工业数据浪潮中的领先地位，欧盟除了继续推进5G通信和5G网络安全外，还特别强调要领跑6G网络。

（2）加强战略性关键技术的研发。面向工业的未来发展，欧盟将支持机器人、微电子、高性能计算、数据云基础设施、区块链、量子技术、光学、工业生物技术、生物医学、纳米技术、制药、新材料等先进技术的研发，为工业提供强有力的支撑。

（3）探索航天、国防工业与民用工业的融合。为保障战略主权，欧盟将促进民用工业、航天和国防工业之间的协同，有效配置资源和技术，打造规模经济。利用欧盟国防基金对整个国防工业价值链进行投资，促进跨境合作，支持包括中小企业和初创企业在内的民用工业企业进入供应链，以强化欧盟的国防工业能力。

（4）减少对工业原材料进口的依赖性。目前欧盟许多工业原材料依赖于从国外采购，到2050年，对原材料的需求预计将翻一番。随着全球竞争越发激烈，提高工业原材料供应安全至关重要。欧盟将在电池、可再生能源、制药、航天、国防、数字应用等领域实施关键原材料行动计划，通过原材料的回收利用和二次使用减少对外依赖性，同时将努力扩大原材料国际合作伙伴关系，通过多样化采购渠道保障原材料供应。

（5）保障医疗产品和药品的供应。当前情况下医疗产品和药品的供应对安全自治尤为重要，因此将从欧盟公共卫生安全角度推动制药战略，重点关注医疗产品和药品供应的可得性、可负担性、可持续性和安全性。

3. 新冠肺炎疫情对欧盟数字化转型政策举措的影响

（1）更加注重释放数据价值。近年来欧盟持续加强数据安全管理，例如《通用数据保护条例》对医疗记录和面部识别等敏感数据领域加强了监管，某种程度上制约了数据在抗疫中的有效运用，阻碍了欧盟国家用数字手段防控疫情的进程。由于欧盟希望将数字化转型作为疫后经济复苏的重要发力点，促进了数据价值解封。与过去相比，欧盟的数据安全相关规划不再一味强调技术风险和价值观，而是寻求安全与经济效益之间的新平衡。具体举措包括落实欧盟数据空间治理立法框架、出台《数据法案》等，消除数据汇聚和共享的障碍，建立统一的数据市场，实现数据在欧盟内部产业界、学术界、政府部门间的共享，以释放海量数据的价值。

（2）更加重视产业链竞争力。欧盟相关数字化转型政策的制定不再仅仅聚焦于产业发展链条的中上层，而是在保证城市运行恢复与城市建设符合绿色、循环、可持续等标准的前提下，更加注重完整产业链的构建和产业链在欧盟内部国家之间的运转。相关措施可以弥补欧盟国家多年以来在参与国际分工过程中积累的产业结构缺陷，避免在重大自然灾害或人为灾害下出现的产业链供给障碍，也可以在全球经济下行环境下为欧盟国家提供更多的工作机会。以环保和可持续相关产业为例，经欧盟委员会测算，到2030年相关产业会为欧盟贡献1%的GDP，并提供100万个相关工作岗位，可极大降低欧盟对世界各国原材料和产品供给的依赖，提升欧盟在国际交往中的地位。

（3）更加体现政策的公平性与包容性。中小企业是欧盟的经济支柱和社会支柱，占所有企业的99%以上，其中绝大多数是家族企业。欧盟在数字化转型措施中强调中小企业参与的重要性，为中小企业提供技能培训、投资倾斜等针对性举措，并着重保障数字市场准入和竞争的公平性。同时，欧盟在疫后恢复中关注数字鸿沟，确保不同国家、不同地区、不同年龄的居民均能获得相应援助。具体的援助保障措施包括为企业员工提供最低工资保障、提供适用于生产活动的培训、开展再教育、为受新冠肺炎疫情影响较大的人群提供紧急救助、降低服务业和进出口贸易业相关企业的税收等。

（4）更加关注绿色循环可持续发展。欧盟树立了绿色化和数字化全球领先的目标，将绿色可持续作为项目投资的重要指导，在数字化发展与产业推进相关政策方面更加聚焦清洁能源、循环经济等领域。《欧盟复苏计划》的相关建设项目均需要依照欧盟年度经济政策计划、能源和气候计划所明确的优先级标准分步推进。

第三章

技术层面的国际比较分析与中国发展建议

第一节　挖掘数据要素价值

一、欧盟政策举措

1. 相关政策

欧盟历来重视数据在创新和经济增长中的关键作用。2015 年 5 月出台的《数字单一市场战略》中提到数据自由流动、标准和互操作性等事项，旨在将数字经济的增长潜力最大化。之后相继出台了《打造欧盟数据经济》《建立一个共同的欧盟数据空间》等政策文件，保障数据的自由流动、可获取和可利用。2018 年出台的《通用数据保护条例》（GDPR）与《非个人数据自由流动条例》互为补充，规范了个人数据处理的基本原则、数据主体的权利、数据控制者和处理者的义务、数据跨境转移等内容。多部文件共同构建了欧盟数据共享和使用的规则生态。

为了更加充分地挖掘数据价值，2020年《欧盟数据战略》聚焦建立名为"欧盟数据空间"的欧盟数据单一市场，允许数据在欧盟内部和跨部门自由流动，以造福于企业、研究人员和公共行政部门，数据将对公众、个人、初创企业、大型企业无差别开放。

2. 核心内容

（1）建立欧盟和成员国在跨部门数据使用方面的治理机制。建立数据敏捷经济及其发展生态，立足欧盟各成员国和各行业发展实际，制定灵活的、迭代式的、差异化的数据治理措施。在推动数字化转型过程中，欧盟将有意避免过于详细的、过于严厉的事前监管，而是采用建立框架、营造环境的治理方式，让数据驱动的生态系统得以发展。在符合个人数据保护、消费者保护和竞争规则的前提下，建立企业之间（B2B）、企业与政府之间（B2G、G2B）以及政府内部（G2G）数据共享的激励机制，建立切实、公平和明确的数据获取和使用规则。

（2）支持发展下一代数字技术和基础设施。欧盟在2021～2027年实施欧盟公共数据空间和云基础设施重大项目，建立集中式或分布式的"欧盟数据池"，为公共部门和私营企业提供安全、可持续、互操作和弹性的云基础设施与服务，支持人工智能、仿真、建模、数字孪生和高性能计算等领域应用，抓住边缘计算、5G、工业物联网等发展机遇，形成数据生成、处理、访问和再利用的完整价值链，培育数据驱动的创新生态系统。加强这些领域投资是建立"欧盟数据空间"的基础，也能够强化欧盟在数字经济关键技术和基础设施方面的主权。

（3）提升个人和中小企业的数据能力。欧盟将更好地获取和使用数据列入数字教育行动的优先事项，进一步缩小欧盟公民之间的数字技能差距。到 2025 年，将欧盟人口中拥有基本数字技能的比例，从 2020 年的 57%提高到 65%。将公民利益放在数据价值观的首位，并探索提高公民对自己产生数据的控制权限。鼓励创建基于数据的非资金密集型企业，通过出台政策措施、提供法律和监管建议、投资基金、孵化计划等方式帮助中小企业和初创企业更好地获取数据，并开发基于数据的创新服务与应用。

（4）在部分关键领域率先建设数据空间。欧盟考虑在重要战略性经济领域和公共服务领域率先开展"数据空间"行动，优先强化数据资源、数据处理工具、基础设施和治理机制，并推广成功经验。在跨部门建设"欧盟数据空间"的同时，在工业制造、生态环保、交通运输、医疗健康、金融、能源、农业、行政管理、职业技能 9 个关键战略领域率先建立本领域的"数据空间"。其中，工业制造领域通过挖掘数据的潜在价值，将大大提升欧盟的工业效能和竞争力，预计在 2027 年前带来 1.5 万亿欧元的收益。

3. 主要特点

（1）加强数据治理的总体架构设计。欧盟考虑了部门内部和跨部门互操作性需求和标准，希望避免由于部门之间和成员国之间的行动不一致造成数据碎片化。统一提供集成的数据共享服务，提升了企业获得可公开数据的便捷性，有利于促进数字经济生态发展。

（2）促进公共部门数据标准化共享。在《开放数据和公共部门信息再利用指令》之下，细化《高价值数据集实施法案》来推动公共行业的高质量数据能够得到重复利用，扩大数据共享规模。同时完善数据标准化处理机制，提升共享数据的标准化水平。

（3）完善促进数据共享的政策法规。欧盟于 2020 年 11 月出台了《数据治理法案》，通过对数据共享中可能出现的问题做出相应的法律解释，鼓励公共机构和企业进行数据共享，从而为欧盟经济发展和社会治理提供支撑。具体规则包括鼓励开发尚未共享的公共机构数据、允许设立数据中介机构、促进数据利他主义活动等。

二、美国政策举措

1. 相关政策

早在 2009 年，美国就发布了《开放政府指令》，提出透明、参与、协同三大政府数据开放原则，并据此推出统一数据开放门户网站"Data. gov"，实现了政府信息的集中、开放和共享。2014 年 5 月美国发布《大数据：把握机遇，守护价值》白皮书，对美国大数据应用与管理的现状、政策框架和下一步发展建议做出了阐述，对大数据为经济社会发展带来的创新动力提出关注，也要解决大数据应用可能造成的泄露隐私、歧视现象等负面影响。经过多年实施数据战略，美国已将数据视为最有价值的国家资产，在政治、经济、社会、军事等领域应用数据并取得了一定的成效。为了适应技术的不断发展变革，保障政策的可延续性，美国于 2019 年底发布了《联邦数据战略与 2020 年行动计划》，将科技创新和数字化转型提到国家战略核心层面。

2. 核心内容

《联邦数据战略与 2020 年行动计划》的核心目标是将数据作为战略资产开发，文件描述了美国联邦政府 2020~2030 年的数据愿景。

（1）确立了政府应用数据的基本原则。包括符合基本道德规范、保护个人隐私、促进数据透明度等伦理原则，数据质量、完整性、可理解性、互操作性等技术原则，以及技能培训、审核、问责等制度原则。

（2）提出了数据治理实践。建立重视数据并促进数据共享使用的文化氛围，从标准、工具包、伦理框架等多层面促进数据共享，促进部门间数据有序高效地流动。保障数据的完整性、真实性、安全性和透明度，推动问责制。积极探索有效使用数据的方案，促进各类创新主体对数据资源的访问、使用和扩充。

3. 主要特点

（1）推动部门间的统筹协调。美国行政管理和预算局（OMB）是政府层面的核心数据治理机构，同美国联邦首席信息官委员会（CDO）、科技政策办公室、司法部信息政策办公室、商务部等机构形成了协同合作的数据治理机构体系。2019 年，OMB 提议成立联邦首席数据官委员会并提出促进地方政府与联邦政府之间共享数据。

（2）社会各界广泛参与。在政策制定过程中调动企业、科研机构、社会组织和公众参与，充分吸收数据治理、数据共享、数字技能等方面的反馈意见。在应用过程中拓展多元主体获取数据的渠道，促进挖掘数据价值。

（3）强调逐步建立强大的数据治理能力。治理范围既包括政府数据共享，也包括企业间、政府部门间和政企间数据共享，在共享与安全并重的前提下充分利用数据为美国人民、企业和其他组织提供相应的服务，进而对整个国家经济和安全产生深远影响。

三、中国政策举措

1. 相关政策

2014 年，大数据首次写入我国政府工作报告。2015 年，国务院印发《促进大数据发展行动纲要》，对国家大数据发展做出顶层设计，明确将数据定义为国家基础性战略资源。2016 年，《中华人民共和国国民经济和社会发展第十三个五年规划纲要》正式提出实施国家大数据战略，把大数据作为基础性战略资源，全面实施促进大数据发展行动，加快推动数据资源共享开放和开发应用；政务数据、科学数据、工业数据等各细分领域也相继出台了管理办法。

在国家战略部署的引领下，大数据与实体经济深度融合对推动我国经济发展起到重要作用。2020 年，《中共中央、国务院关于构建更加完善的要素市场化配置体制机制的意见》首次将数据与土地、劳动力、资本、技术并称为五大生产要素，提出加快培育数据要素市场。

2. 核心内容

（1）推进政府数据开放共享。深化政务数据跨层级、跨地域、跨部门有序共享，统筹公共数据资源开发利用，在分级分类的基础上推动基础公共数据安全有序开放，充分释放政府数据蕴含的价值。

（2）加快培育数据要素市场。加强对社会数据的开发利用，深化数据、技术、场景的深度融合，丰富数据产品，推动大数据助力经济社会高质量发展。

（3）加强数据资源治理。面向大数据背景，健全完善数据管理的政策法规和标准规范，提高数据质量和规范性，为数据共享开放和融合应用奠定坚实基础。

四、国内外政策举措异同比较

1. 相似性

（1）均对数据资源的战略价值高度重视，提升到了国家战略层面。

中国 2020 年 3 月出台的《中共中央、国务院关于构建更加完善的要素市场化配置体制机制的意见》中，首次将数据纳入生产要素，与土地、劳动力、资本、技术等传统要素并列，并提出要"加快培育数据要素市场"。早在 2015 年，《促进大数据发展行动纲要》指出数据已成为国家基础性战略资源，充分体现了数据对经济发展、国家治理、社会生活的重要作用。

欧盟于 2020 年 2 月发布的《欧盟数据战略》从战略高度明确了数据在社会发展中的关键作用，提出了要通过搭建跨部门治理框架、加强数据基础设施投资、提升个体的数据权利和技能、打造公共欧盟数据空间等战略措施，建立一个统一的欧盟数据市场，整合工业专业知识等，将欧盟打造成世界上最具吸引力、最安全和最具活力的数据敏捷经济体，在保障个人数据和商业数据安全的基础上，利用数据促进经济增长、创造价值。

美国对数据的重视程度不断提升，自 2009 年颁布《开放政府指令》政策以来，相继发布了《数字政府：构建一个 21 世纪平台以更好地服务美国人民》《大数据：把握机遇，维护价值》等战略框架。相关战略强调了数据在支撑国家政治、经济、社会、文化、军事、外交和安全等关键共性问题上的关键作用，不仅将数据视为技术，更将其视为战略资产。

（2）均强调数据的整合共享，通过提高数据质量，发挥数据资产价值。

中国从中央层面到地方层面均高度重视数据资源的整合共享，并提出了多项具体举措推动相关工作，国家、省、地市三级数据共享交换体系基本建成，政务数据资源共享开放体系基本形成。

欧盟强调建立数据跨部门共享和使用的治理框架，希望通过建立总体框架，减少各成员国、各部门之间数据共享方式的差异性，通过提供统一的数据共享服务，提升可公开数据的可得性，尤其是提升了企业获取数据的便捷性。

美国《数据战略》确立了政府范围内的 10 项框架原则和 40 项数据管理实践，其中 10 项实践与侧重于建立重视数据并促进共享的文化，第 26 项实践直接提出了"促进州政府、地方政府和部族政府与联邦政府之间共享数据"。

（3）均注重发挥多方力量，共同推进数据资产的开发利用。

中国出台了一系列数据相关的政策，倡导政府数据共享开放、政企数据融合对接、数据资源整合等，国家发展和改革委员会、工业和信息化部、国家卫生健康委员会、农业部等部委在所辖领域出台了逾 20 项大数据政策文件，强化数据资源管理，25 个省级政府成立了专门的大数据管理机构，超过 90% 的省级政府制定了政务数据资源共享管理办法[①]。政企数据融合对接方面，呈现了通过政府以行政方式获取企业数据、政企数据以接口方式进行共享利用、政企数据通过模型算法进行共享利用三大典型模式。

欧盟于 2020 年 11 月发布的《数据治理法案》着眼于数据共享，提出了一系列旨在促进跨境数据流动的提案，通过明确规则与数据隐私保护措施来促进数据的流通与共享。

美国积极探索促进各类创新主体有效使用数据的方案，帮助个人、企业等主体从数据中获取价值。

2. 差异性

（1）中国与美国更加注重公共数据开放。中国在《促进大数据发展行动纲要》中提出要建设国家政府数据统一开放平台，在信用、交通、医疗等重要领域实现公共数据资源合理适度向社会开放，带动社会公众开展大

---

① 赵令锐. 深化政企数据共享利用，推动数据要素市场发展 [N]. 人民邮电报，2020-05-06 (3).

数据增值性、公益性开发和创新应用。截至 2021 年 4 月底，我国已有 174 个省级和城市的地方政府上线了数据开放平台①。美国依据《透明和开放的政府备忘录》推出统一数据开放门户网站——Data. gov，实现对政府数据的集中发布和开放共享。

（2）欧盟关注数据隐私保护，强调公民、企业对于数据的权利。2018 年 6 月正式实施的《通用数据保护条例》极大地提升了隐私保护标准，2019 年 4 月通过的《数字化单一市场版权指令》成为网络空间内版权保护的最高标准，规定社交媒体、视频网站等网络服务提供者承担"版权过滤"的义务，过滤掉受版权保护的内容或征得内容创作者的授权许可。欧盟强调，要提升企业与公民对网络、技术及应用安全的信任度，赋予个人更多的数据使用权，使个人能够使用更多的数据控制工具和手段，并拥有个人数据空间来管理个人数据。

（3）美国与欧盟已在数据立法方面取得显著进展。欧盟出台了堪称最严厉的个人数据保护法《通用数据保护条例》，引领了全球个人隐私保护立法热潮。美国加利福尼亚州出台了《加利福尼亚州消费者隐私法案》（CCPA）及其修正案，适用于所有面向消费者（线上或线下）的商业场景，对美国其他州 2019 年的立法活动产生较强的带动效应，如马里兰州再次修订《马里兰州个人信息保护法》的安全泄露通知要求，强化了数据安全泄露事件发生时经营者的义务；缅因州通过《保护线上消费者信息隐私保护法》，禁止未经消费者同意，将其个人信息共享给他人使用或出售消费者信息，逐步完善了对数据隐私保护的法律法规与规范支撑性政策制度体系。

---

① 复旦大学，国家信息中心数字中国研究院 . 中国地方政府数据开放报告［EB/OL］. http：// www. ifopendata. cn/report.

第二节　研发和应用人工智能技术

一、欧盟人工智能发展路径

1. 战略规划

自 2018 年底开始，欧盟层面积极推动成员国共同发展人工智能的合作计划，其战略愿景是确保欧盟人工智能研发的竞争力，共同面对人工智能在社会、经济、伦理及法律等方面的机遇和挑战，促进欧盟国家形成发展合力。一是发布《关于欧盟人工智能开发与使用的协同计划》，提出促进欧盟成员国与挪威、瑞士的联合行动，在增加投资、提供数据、培养人才和确保可信四个关键领域增进合作；二是欧盟 28 个成员国共同签署《人工智能合作宣言》，与欧盟委员会开展战略对话，承诺在人工智能领域形成合力；三是启动了欧盟人工智能联盟（AI for EU）项目，建立人工智能需求平台，整合汇聚 21 个成员国共计 79 家研发机构和企业的数据及人工智能算法和工具，提供统一开放服务。

2. 行动举措

欧盟通过"地平线 2020"和欧盟战略投资基金等支持计划，构建人工智能基础研究和创新体系，旨在打造世界级的人工智能研究中心。依托科技巨头和法国、德国、瑞士、意大利等国的高等学校建立人工智能创新平台和重点实验室，通过各类重大自主研发项目加大对人工智能的长期投入。在基础理论方面，欧盟第九期研发框架计划（2021~2027 年）重点支持无监督机器学习，使用较少的数据来训练人工智能的研究方向。在智能机器人领域，欧盟"地平线2020"计划对具有传统优势的机器人领域进行大量投入，重点支持人工智能与机器人领域的融合。在类脑研究方面，欧盟"人类大脑计划"推动神经形态计算、大型神经形态计算平台、下一代神经形态芯片等基于AI的人类增强技术发展。在自动驾驶方面，欧盟逐年更新技术路线图，发展包括人工智能在内的无人驾驶关键技术。

部分欧盟成员国制定了自身的人工智能发展战略，聚焦重点领域开展人工智能研发和应用。例如，德国强调"人工智能技术主权"概念，要求通过人工智能对各个应用领域的赋能来承担社会责任，如提升人工智能与生物技术和生产技术的结合潜力，推动人工智能与医疗卫生、护理、航空航天、农业和食品加工等领域的融合，加强人工智能在气候与环境保护、可持续发展、抗击流行病等方面的应用。法国提出"人工智能造福人类"，推动人工智能技术与医疗、环境、交通和国防安全等公共领域的结合，大力推进能源节约型人工智能技术研发，着力发展新型半导体材料、颠覆性算法、内存计算和脑神经形态芯片研究等。

3. 资金支持

欧盟人工智能研发框架计划由欧盟委员会具体管理，是欧盟最主要的公共财政科研资助计划。自第七期研发框架计划（2007~2013年）部署20多个AI研发项目开始，欧盟持续增加对人工智能研究和创新的投资。根据欧盟委员会数据，《欧盟人工智能》战略报告明确提出投资15亿欧元支持医疗、交通等领域的人工智能应用开发，并面向医疗、交通、农产品、制造等领域建设数字创新中枢等相关设施。在第八期研发框架计划"地平线2020"（2014~2020年）的研究和创新项目中，第一阶段（2014~2017年）约有11亿欧元投入到人工智能相关领域的研究和创新，第二阶段（2018~

2020 年）的相关投资增加到 15 亿欧元①。根据欧盟委员会数据，第九期研发框架计划"欧洲地平线"（2021~2027 年）也继续投资人工智能领域，其中 2021~2022 年人工智能、数据和机器人创新技术共获得 6800 万欧元预算，可信赖的人工智能领导力共获得 13150 万欧元预算，智能制造领域中也有人工智能研发相关预算。同时，欧盟还采取公私合作模式，吸引社会力量投资推动欧盟人工智能技术及产业的发展。

4. 伦理道德

欧盟重视建立人工智能伦理道德和法律框架，遵循以人为本的理念，引导人工智能技术向有益个人和社会的方向发展。2018 年 4 月发布的《欧盟人工智能》战略报告中将确立合适的伦理和法律框架作为推动人工智能发展的三大战略重点之一，以解决公平、安全和透明等问题，捍卫欧盟价值观；同年，欧盟组织来自学术界、商业界和社会团体的专家成立了人工智能高级小组（AI HLEG），负责起草人工智能伦理政策的制定，研究与人工智能有关的中长期挑战和机遇。《可信人工智能伦理指南》提出了 10 项要求，分别是问责机制、数据治理、普惠设计、受人类监督、非歧视性、尊重和增强人类自主性、尊重隐私、技术稳健性、安全性和透明性。

二、美国人工智能发展路径

1. 战略规划

美国在人工智能领域发展较早，自 2016 年起持续发布人工智能战略政策，全面战略布局人工智能研发和应用。奥巴马政府支持人工智能基础研究与长期发展，发布了《为未来人工智能做好准备》《美国国家人工智能研究

---

① 中华人民共和国驻欧盟使团. 欧盟"地平线 2020 计划"大幅增加人工智能领域的科研投入［EB/OL］.［2018-04-27］. https：//www. fmprc. gov. cn/ce/cebe/chn/kjhz/kjdt/t1555901. htm.

和发展战略规划》《人工智能、自动化与经济报告》三份具有全球影响力的报告，分别针对人工智能对网络安全领域的影响、美国人工智能研发重点领域以及人工智能对经济的影响提出了相关建议。特朗普政府先后出台了《国家人工智能倡议》等九份战略和倡议，重点聚焦人工智能在国家安全和情报体系中的布局，提出要由政府整合产业界、学界和国际合作伙伴力量，保持美国在人工智能领域的领先地位。拜登政府发布了《人工智能国家安全委员会最终版报告》，制定了人工智能时代的竞争战略并提供了行动蓝图，一方面是关于如何抵御与人工智能有关的各种新兴威胁；另一方面是关于如何从人才、创新、知识产权、微电子等方面赢得人工智能技术战争。

2. 行动举措

（1）将人工智能对国家安全的影响摆在突出位置。美国政府将人工智能看作巩固其军事技术优势的重要环节，将人工智能描述为"确保美国能够打赢未来战争"的关键技术之一。美国国防部、空军、海军分别发布了人工智能战略，强调美国优先发展包括人工智能等事关国家安全的关键新兴技术，并加大国防领域在人工智能和机器学习方面的投入。

（2）多个专门机构协同推动人工智能发展。2018 年 5 月，白宫科技政策办公室（OSTP）、美国国家科学技术委员会（NSTC）、美国国家科学基金会（NSF）、美国国防部高级研究计划局（DARPA）等共同成立了人工智能专门委员会（SCAI），负责协调、审查联邦机构的人工智能领域投资和开发方面的优先事项。2018 年 6 月，美国国防部成立了联合人工智能中心（JAIC），管理国防机构所有人工智能工作。美国国防部高级计划研究局（DARPA）、美国国家标准与技术研究院（NIST）美国国家航空航天局、能源部以及美国国立卫生研究院、农业部等多机构协同推动人工智能发展，并与高校、高科技企业和其他非营利机构营造良好的产业生态，共同推进人工智能发展。

（3）聚焦关键技术研发抢占全球领先优势。美国强调要在半导体基础材料、器件、设计和软件方面继续保持全球领导地位。2020年美国半导体工业协会等机构发布"半导体十年规划"，推进传感、存储、通信、安全、高效计算等传统硬件领域的智能化革命与转型，重点推动智能感知及信息处理技术、高密度存储技术、智能和敏捷网络与通信技术、安全硬件设计、异构计算与三维半导体制造等任务。另外，美国还对人工智能未来算法进行前瞻性引导和布局，进一步强化数据智能基础理论研究，并探讨未来算法特征。优先发展领域还包括面向军方需求的脑机接口、智能增强等类脑智能研究。

3. 资金支持

根据近几年美国的《国会预算申请》，人工智能持续成为预算案提出的重点研发投入领域，投资逐年增加。2016年《美国国家人工智能研发战略规划》和2018年发布的《国家网络战略》《美国先进制造业领导力战略》均强调人工智能基础研究的优先地位，为人工智能提供持续稳定的联邦投资。2018年，美国国防部高级研究计划局宣布斥资20亿美元，开发下一代人工智能技术，为20余个项目提供支持，旨在探索最先进的人工智能技术。同时，美国国家科学基金会作为人工智能基础研究的非国防主要联邦资助机构，通过多项科研项目投资支持人工智能研究，几乎覆盖所有的社会领域。

4. 伦理道德

在伦理道德方面，美国将人工智能的伦理、法律和社会影响列入《美国国家人工智能研发战略规划》的重点领域之一，要求建立符合伦理的人工智能，制定符合道德、法律和社会目标的人工智能系统设计。2018年，为满足国家安全和国防需要，美国成立了美国人工智能国家安全委员会

（NSCAI），研究军事应用中人工智能在国家安全、伦理道德以及对国际法的影响等方面的风险，考察人工智能、机器学习及相关技术发展情况，推动公开训练数据的共享和标准化。2019 年 8 月，美国国家标准与技术研究院（NIST）发布了《人工智能标准制定指南》，为政府如何制定人工智能技术和道德标准提供了指导意见，要求标准应足够灵活、严格、适时，改进公平性、透明度和设计责任机制，设计符合伦理的人工智能架构。2019 年 10 月，美国国防创新委员会（DIB）发布《人工智能原则：国防部人工智能应用伦理建议》，首次回应军事领域人工智能应用带来的伦理问题，提出了负责任、公平性、可追溯性、可靠性、可控性五项人工智能道德原则。2020 年 1 月，美国总统办公厅发布首个人工智能监管类指引文件《人工智能应用监管指南》，提出公众信任、公众参与、科研诚信与信息质量、风险评估与管理、评估成本与效益、灵活性、公平与非歧视性、透明性、安全保障和跨部门协调十项监管原则。同时，美国将人工智能伦理规范教育引入人才培养体系，哈佛大学、康奈尔大学、麻省理工学院、斯坦福大学等美国高校开设了跨学科、跨领域的人工智能伦理课程。

三、中国人工智能发展路径

1. 战略规划

党中央、国务院高度重视发展人工智能，近年来相继出台了多项文件，从政策层面不断加大对人工智能的支持力度。2016 年 5 月，国家发展和改革委员会、科学技术部等部委印发实施了《"互联网＋"人工智能三年行动实施方案》，从培育发展人工智能新兴产业、推进重点领域智能产品创新、提升终端产品智能化水平等方面提出了一系列措施。2017 年 7 月，国务院印发《新一代人工智能发展规划》，首次明确将人工智能上升到国家战略层面，强调人工智能是国际竞争的新焦点、经济发展的新引擎、社会建设的新机遇；提出构建开放协同的人工智能科技创新体系、培育高端高效的智能经济、建设安全便捷的智能社会、加强人工智能领域军民融合、构建泛在安全高效的智能化基础设施体系、前瞻布局新一代人工智能重大科技项目 6 大类重点任务，完善相关的法律法规、支持政策、技术标准和知识产权体系、安全监管和评估体系、劳动力培训和科学普及。同年，工业和信息化部发布《促进新一代人工智能产业发展三年行动计划》，要求从培育人工智能重点产品、突破人工智能核心基础能力、深化发展智能制造、构建人工智能产业支撑体系四个方面发力。2021 年发布的《中华人民共和国国民经济和社会发展第十四个五年规划和 2035 年远景目标纲要》将人工智能作为强化国家战略科技力量的重要领域，要求在人工智能相关领域构建以实验室为引领的创新力量、实施一批重大科技项目、加强基础理论研发突破、壮大新兴数字产业、加快安全技术创新、加强军民统筹发展。

2. 行动举措

（1）引导人工智能与实体经济融合。2019 年，中央深化改革委员会发布《关于促进人工智能和实体经济深度融合的指导意见》，提出要坚持以市场需求为导向，以产业应用为目标，深化改革创新，优化制度环境，激发企业创新活力和内生动力，结合不同行业、不同区域特点，探索创新成果应用转化的路径和方法，构建数据驱动、人机协同、跨界融合、共创分享的智能经济形态。

（2）鼓励建设人工智能开放创新生态。2019 年，科学技术部印发《国家新一代人工智能开放创新平台建设工作指引》，鼓励人工智能细分领域领军企业搭建开源、开放平台，面向公众开放人工智能技术研发资源，向社会输出人工智能技术服务能力，推动人工智能技术的行业应用，培育行业领军企业，助力中小微企业成长。

（3）加强人工智能领域标准化建设。2020 年，中共中央网络安全和信息化委员会办公室、国家发展和改革委员会、科学技术部等部委发布《国家新一代人工智能标准体系建设指南》，提出到 2023 年初步建立人工智能标准体系，重点研制数据、算法、系统、服务等重点继续指标，并率先在制造、交通、金融、安防等重点领域推进。

（4）加强人工智能领域学科建设。2020 年，教育部公布《2019 年度普通高校本科专业备案和审批结果》，80 所高校开设人工智能专业。同年，教育部、国家发展和改革委员会、财政部发布《关于"双一流"建设高校促进学科融合加快人工智能领域研究生培养的若干意见》，要求提高人工智能领域学科交叉融合水平，增强研究生培养能力。

3. 资金支持

2020 年，我国人工智能行业投融资金额突破 800 亿元，同比增长 73.8%，投融资事件数近 500 件[①]。从投资领域来看，基础技术层面的大数据、物联网、计算机视觉依然受到资本青睐，自动驾驶、计算机学习与图像、语音识别和无人机技术领域的新增融资额均超过美国；而在应用层面，智能制造和智慧医疗是投融资数最多的两大细分领域。美国市场注重底层技术的发展，芯片和处理器是美国融资最多的领域，占总融资额的 31%[②]。与美国不同的是，当前中国对人工智能芯片市场高度重视，但受限于技术壁垒和投资门槛高，芯片融资处于弱势。

4. 伦理道德

我国将伦理规范作为促进人工智能发展的重要保证措施，不仅重视人

---

① 中研普华研究院，https://www.chinairn.com/news/20210712/115457276.shtml.

② 未来智库，https://baijiahao.baidu.com/s?id=1667186685375870236&wfr=spider&for=pc.

工智能的社会伦理影响，而且通过制定伦理框架和伦理规范，确保人工智能安全、可靠、可控。为进一步加强人工智能相关法律、伦理、标准和社会问题研究，科学技术部新一代人工智能发展规划推进办公室专门成立了新一代人工智能治理专业委员会（以下简称专委会）。2019 年 6 月，专委会发布《新一代人工智能治理原则——发展负责任的人工智能》，提出人工智能治理框架和行动指南，强调和谐友好、公平公正、包容共享、尊重隐私、安全可控、共担责任、开放协作、敏捷治理八项原则。在此基础上，2021 年 9 月专委会发布《新一代人工智能伦理规范》，旨在将伦理道德融入人工智能全生命周期，增强全社会的人工智能伦理意识与行为自觉，为从事人工智能相关活动的自然人、法人和其他相关机构等提供伦理指引；充分考虑了社会各界关注的隐私、偏见、歧视、公平等伦理问题，提出了增进人类福祉、促进公平公正、保护隐私安全、确保可控可信、强化责任担当、提升伦理素养 6 项基本伦理要求，同时提出人工智能管理、研发、供应、使用等特定活动的 18 项具体伦理要求。此外，2019 年 8 月，中国人工智能产业联盟发布了《人工智能行业自律公约》，旨在梳理正确的人工智能发展观，明确人工智能开发利用基本原则和行动指南，从行业组织角度推动人工智能伦理自律。在国际交流合作方面，我国参与了世界卫生组织《卫生健康领域人工智能伦理与治理指南》和联合国教育科学文化组织《人工智能伦理问题建议书》的起草，并与欧盟科技创新委员会联合举办中欧科技伦理和科研诚信研讨会。

四、国内外异同比较

1. 相似性

（1）从国家战略层面布局人工智能，政策体系不断扩充完善。中国自

2017 年以来，"人工智能研发应用"连续三次被写入政府工作报告，用词分别从"加快""加强"到"深化"，体现了我国人工智能基础日益坚实。经过多年的持续发展，我国人工智能技术能力加速积累，人工智能创新创业日益活跃，相关政策也随之不断丰富完善。国务院发布《新一代人工智能发展规划》后，工业和信息化部、科学技术部、教育部等多个部委及各省市密集制定并出台了关于人工智能发展的发展规划、行动计划、实施方案等政策文件，从科技研发、应用推广和产业发展等方面提出了一系列措施。

欧盟委员会层面通过第七期、第八期、第九期研发框架计划，从技术路线和投资支持两方面持续推动人工智能研究和创新。同时，面向基础理论、智能机器人等具有传统基础优势的领域，以及类脑研究、自动驾驶等前瞻性机遇性领域，出台专门的技术路线图。随着技术演进和竞争局势变化，相关政策不断迭代升级，投资额大幅提升，形成了以基础研究牵引技术应用的战略布局。

美国自 2016 年发布《美国国家人工智能研发战略规划》以来，政府层面对人工智能的关注不断加强。随着人工智能通用技术和军事应用的快速发展，历届政府持续出台人工智能战略政策，并针对机器人、无人系统、机器学习、关键和新兴技术等细分领域补充了配套政策，构建起人工智能领域的政策规划体系。

（2）高度重视人工智能伦理道德，引导技术向善的价值观。中国将科技伦理作为科技活动必须遵循的价值理念和行为规范，2019 年中央全面深化改革委员会审议通过《国家科技伦理委员会组建方案》，成立国家科技伦理委员会，并组建了国家科技伦理委员会人工智能分委员会。2022 年 3 月，中共中央办公厅、国务院办公厅印发《关于加强科技伦理治理的意见》，首次对我国科技伦理治理工作做出了系统部署，将人工智能、生命科学、医药健康列为高风险重点治理领域，要求人工智能领域制定科技伦理高风险科技活动清单。具体到人工智能领域，《新一代人工智能治理原则——发展负责任的人工智能》和《新一代人工智能伦理规范》旨在将伦理道德融入人工智能全生命周期，为从事人工智能相关活动的自然人、法人和其他相关机构提出了伦理指引和治理框架，标志着我国人工智能政策导向从创新应用向多维监管治理体系转变。

欧盟秉持以人为本的理念发展可信和安全的人工智能，提升社会对人工智能应用的接受度。《人工智能白皮书》提出了构建两大系统，其中"信任生态系统"就是欧盟人工智能监管框架的关键，基于人工智能的复杂性和潜在风险，在鼓励企业和科研机构开展人工智能创新的同时，力求通过监管使风险和损失最小化。同时，欧盟也强调监管适度，对医疗、运输、能源等"高风险"行业的人工智能应用加强监管。

美国明确要解决因人工智能技术和应用而产生的道德、法律和社会问题，培养社会对人工智能技术的信任和信心。《人工智能标准制定指南》《人工智能应用监管指南》为如何设计和应用符合伦理道德标准的人工智能技术提供了指引，特别是在国防领域。美国专门为军用人工智能可能导致的伦理问题制定了相关准则，降低因人工智能系统的误解、误判带来的附加风险，防止作战或非作战人工智能系统对人造成无意伤害等。

2. 差异性

（1）中国高度重视人工智能对实体经济的促进作用。国家层面的政策规划鼓励人工智能与制造、农业、物流、金融、商务、家居等行业和领域的融合创新，发展智能工厂、智能社会服务，加强产业链上下游合作，加速技术创新成果落地。通过建设试点示范、产业园、众创基地等，推动人工智能规模化应用，全面提升产业发展智能化水平。从地方相关政策规划来看，人工智能产业与传统产业的深度融合也是发展重点，各省市因地制宜提出在农牧业、制造业、煤矿、医疗、交通、消费、金融等领域的应用和推广。

（2）美国持续实施机构改革以破除制度障碍。为了更好地推动各部门协作落实人工智能战略，美国不断调整相关机构设置，面向不同时期的工作重点增设有针对性的管理机构。联邦政府层面，2018 年成立的美国人工智能国家安全委员会（NSCAI）由来自国防领域、企业界、学术界、情报部门、非营利科研机构和民间社团组织的代表组成，负责研究推动国家人工智能总体发展，破除人工智能标准、数据、技术、机制和伦理各领域的发展障碍。2021 年白宫科学技术政策办公室（OSTP）下增设国家人工智能计划办公室（NAIIO），主要监督实施《2020 年国家人工智能倡议法案》，负责加强联邦政府内的跨机构协调，促进非政府专家参与，促进人工智能研发。部门层面，美国国防部在推动人工智能发展中起到重要作用，2018 年成立美国国防部联合人工智能中心（JAIC），2021 年底又宣布将国防部数字服务局、美国国防部联合人工智能中心及首席数据官办公室重组为数据与人工智能首席办公室，增设首席数字和人工智能官（CDAO）职位。2021 年，美国商务部成立国家人工智能咨询委员会（NAIAC），负责研究人工智能的商业应用和竞争力等方面，并对《美国人工智能发展倡议》进行独立评估。

（3）欧盟着力建设人工智能协同合作生态。欧盟于 2018 年发布并于 2021 年修订《人工智能协调计划》，旨在协调各方主体形成合力，在相同价值观的引领下共同实现人工智能发展目标。具体举措包括创造制度环境、构建基础云设施和云服务、建设数据空间并推动数据共享、组建行业联盟、设立多种研发支持计划、加强标准制定等，推动成员国之间、政府和私营机构之间、实验室和市场之间的交流合作，降低交易成本。

第三节 对中国的启示和建议

一、挖掘数据要素价值的建议

一是进一步提高数据资产的战略地位。随着数据逐渐成为国际竞争的重要因素与带动产业转型升级发展的驱动因素，未来我国应持续深化对数据价值的认识，推动数据战略的迭代升级。针对数据采集、管理、共享与开放的复杂性，应高度重视对数据价值特性的研究，推进政府、企业、科研机构等积极开展数据分析技术研究、数据资产定价、管理与交易研究与数据应用场景研究，推动对数据资源的高效应用。进一步完善对于公共数据管理的法规体系，确立相关数据标准、数据安全等级与开放条件，明确各行业数据管理、开放等环节中政府、企业、公民等各主体的行为准则，规范开展数据管理，深化数据安全与数据隐私保护，建立数据整合与共享开放的根本保障。

二是推进数据管理中的政企协作。数据管理涉及数据所有者、数据服务提供方、监管机构等多个主体，需要政府跨层级、跨部门的统筹协调，也需要政府与社会力量的共同合作。未来应广泛发动各参与主体的积极性，政府部门牵头统筹数据资源管理体系建设，支持科研机构、企业等开展数据资产估值模型与数据商品定价模型研究，鼓励企业等主体在保障数据安全和个人隐私的前提下，开展数据资源的专业化运作，通过运营充分发挥数据资产的政用、民用和商用价值。

三是强化数据资源向社会公众开放。目前我国各省基本均已出台了倡导政府数据开放的政策文件，部分省市已就数据开放制定了具体推进路径。未来应持续完善公共数据开放目录，推进各级政府聚焦信用、交通、卫生等重要领域，向社会分级分类开放数据，引导企业、行业协会、科研机构和其他社会组织主动开放数据，鼓励和支持各类社会主体深度开发公共数据资源，提供基于数据分析的民生服务、社会治理创新解决方案。

四是健全完善我国数据治理规则体系。为保护我国数据主权，加快数据流动、数据安全保护、数据隐私等方面的立法，维护国家利益和个人权益，针对当前我国数字经济发展面临的数据资源确权、开放、流通、交易、安全等难点问题，加强政策、监管、法律方面的国际协调。以数字丝绸之路建设为抓手，积极推动建立大数据领域的双边、多边国际合作机制，输出数据安全、数据隐私保护规则，与更多国家、地区达成在数据流通、共享、存储、应用等领域的共识，促成更广泛的交流合作。

二、研发人工智能技术的建议

一是推动关键核心技术攻关。加强人工智能基础研究，在核心算法和底层技术方面加强原始创新，全面缩小与人工智能领先国家的差距。针对"卡脖子"问题，重点面向关键设备、高端芯片、重大产品与系统等人工智能关键技术加强攻关，突破关键半导体材料和生产工艺，打造自主可控的供应链体系，维护产业生态安全。支持构建开放创新的人工智能开源生态体系，完善开源合规体系，防范人工智能开源平台风险漏洞。

二是促进人工智能技术应用。依托我国数据资源和市场规模优势，发挥龙头骨干企业在图像识别技术、语音识别技术等方面的领先优势，进一步巩固和扩大市场应用，构建有国际影响力和竞争力的产业链。联合汇聚科研院所、高校、企业、地方政府等开展人工智能联合创新与应用示范，拓展工业机器人、服务机器人、无人驾驶技术的应用场景，在城市治理和公共服务领域推广应用。

三是加强人工智能治理和监管。坚持发展和安全并重的原则，在不阻碍技术创新应用的同时，强化对人工智能潜在风险问题的监管，完善适应人工智能发展的法律法规。积极应对人工智能治理中出现的新问题，建立敏捷的响应机制，及时监管，降低对社会造成的负面影响。深入研究人工智能伦理道德、法制保障和社会问题，进一步完善分领域、可操作的人工智能伦理规范。加强人工智能安全可信、隐私保护相关技术研发，为风险防范提供技术支撑。

四是完善人工智能发展环境。加大对人工智能基础研究的经费支持，优化科研激励和评价机制，营造包容的科研环境，引导提升人工智能研发经费应用成效。加强人工智能高端人才和复合型人才的引进和培育，结合技术研发和产业发展需要，按照"厚基础、重交叉、宽口径"的思路加强人工智能学科建设。完善适应人工智能发展的标准体系，建立人工智能系统安全、性能和伦理的测试认证制度。加强对人工智能新技术、新产品的知识产权保护，鼓励知识产权质押融资。

第四章

规则层面的国际比较分析与对中国的发展建议

第一节　健全数字服务监管

一、欧盟政策举措

1. 政策出台背景

在线平台是促进数字经济不断发展的重要力量，但也为数字经济监管带来了新的风险和挑战。2020 年 12 月 15 日，欧盟委员会公布了《数字市场法》（DMA）（European Commission，2020g）和《数字服务法》（DSA）（European Commission，2020h）两部新的数字法案草案，为所有在欧盟运营的数字服务制定了一套全面的新规则，规范了数字服务的责任义务，将事前规则和事后处置相结合，采取"精确监管"方式，在支持创新的同时加强了约束，特别是加强了对大型在线平台企业的约束。两部法案分别于2022年3月和4月通过，构成了欧盟数字化转型战略的一部分，以欧盟价值观为核心，旨在应对在线平台发展带来的新挑战，强化欧盟数字服务单一市场，并促进欧盟在线环境的创新和竞争力。两部法案的出台背景如下：

（1）《电子商务指令》规则需要更新。欧盟自2000年通过《电子商务指令》（ECD）以来，数字服务的法律框架始终没有改变，此后该指令一直是欧盟监管数字服务的基础。为了保护新生市场的创新和竞争、消除进入市场的障碍、防止平台非法处理用户生成的内容，ECD在制定之初引入了一系列"安全港"制度，使在线中介机构免予承担各种由用户产生的责任（包括侵犯版权、诽谤、误导广告、不正当竞争和恐怖主义、仇恨言论等违法内容）。随着在线平台快速发展，非法商品、服务和内容的在线交易，虚假信息传播，影响决策的算法滥用等成为新的风险和挑战，ECD为在线平台和数字服务等在线中介机构提供的责任豁免已暴露出许多问题。因此，欧盟急需一个更有效的法律框架，既符合当前《电子商务指令》法律框架的基本原则，又能同时保障在线用户数据安全和数字经济的创新发展。

（2）大型在线平台造成系统性问题。大型在线平台是企业与消费者接触的重要渠道，享有稳固和持久的地位。随着社会和经济数字化进程的加快，大型在线平台控制了数字经济的重要生态系统，有能力扮演规则制定者的角色，可阻止或减缓其商业用户和竞争对手的创新服务触达消费者，这造成了竞争性、公平性和市场开放性等方面的系统性问题。尽管欧盟已采取了一系列针对特定行业的干预措施，但仍存在很多法律问题需要解决。因此，欧盟单一市场需要建立一个以保护基本权利为重点的治理机制，并维护公平开放的在线平台环境。

（3）新冠肺炎疫情催化监管制度出台。在新冠肺炎疫情的催化下，大型在线平台已成为生活、工作、学习的准公共空间。在提供大量信息和多样性服务的同时，在线平台上非法内容、误导性广告、虚假信息、针对性宣传以及市场扭曲等问题在新冠肺炎疫情防控期间也更加凸显。欧盟理事会认为某些大型在线平台借机吸收大量资产，并借平台优势获取大量数据，这将助长大型在线平台限制新的主体进入市场，并可能限制消费者的选择。因此需要尽快明确数字服务和在线平台应遵循的限制和义务，以解决大型在线平台对市场造成的扭曲。

2.《数字市场法》相关内容

（1）适用对象。《数字市场法》的适用对象是大型在线平台。由于大型在线平台是中小规模平台企业在线接触消费者不可或缺的渠道，法案将大型在线平台定性为数字市场的"看门人"，大型在线平台认定的具体标准为：一是具有强大的经济地位，对内部市场有重大影响，并活跃在多个欧盟国家；二是具有强大的中介地位，将大量的用户基础与大量的业务联系起来；三是已经或即将在市场中拥有稳固和持久的地位，且会随着时间的推移更加稳定。

（2）定位。《数字市场法》旨在保障公平和开放的数字市场，基于欧盟对在线市场竞争执法处理的丰富经验，制定了统一的规则，定义和禁止"看门人"的不公平行为，并提供了基于市场调查的执法机制。

（3）目标。新规则将实现四方面目标：一是在欧盟单一市场中依赖"看门人"提供服务的企业用户将拥有一个更加公平的商业环境；二是技术初创企业将有新的机会在在线平台环境中竞争和创新，不受不公平条款的限制；三是消费者将有更多优质低价的服务选择，可按自己意愿更换供应商，可以直接获得服务；四是"看门人"将保留所有创新和提供新服务的机会，仅禁止其不公平行为。

（4）"看门人"的更新机制。为确保新的"看门人"定义规则跟上数字市场的快速发展步伐，欧盟委员会制定了基于市场调查的执法机制：一是将最容易出现不公平行为的核心平台服务的主要提供商定义为"看门人"，如搜索引擎、社交网络或在线中介服务等；二是设定定量阈值作为识别"看门人"的基础条件；三是通过有针对性的市场调查，根据评估结果增加指定企业为"看门人"。欧盟委员会将在必要时动态更新"看门人"的义务，并设计具体措施以制裁违反《数字市场法》规则的行为。

（5）"看门人"的新义务。《数字市场法》规定了"看门人"在日常业务中的行为准则。"看门人"必须遵守的行为包括：允许第三方在某些特定情况下与其服务进行互操作；允许其业务用户访问在使用其平台时生成的数据；为广告公司在其平台上投放广告提供必要的工具和信息，以便广告商和发布者对其托管的广告进行独立验证；允许其业务用户在其他平台推广报价并与客户签订合同等。"看门人"被禁止的行为包括：为自己的服务和产品提供比第三方类似服务和产品更好的排名待遇；限制消费者与平台之外的企业连接；限制用户卸载预先安装的软件或应用程序等。上述行为将受到独立审查员的监督，欧盟成员国和欧盟层面的监管机构都将有权要求企业提供更多信息，或到企业办公室实地考察，以确保合规。

（6）惩罚办法。为确保新规则的有效性，欧盟将对不遵守规定的平台实施制裁手段。一是罚款，罚款金额最高为该平台全球年营业额的10%，或不超过上一财政年度每日平均营业额5%的定期罚款，未能提供准确信息或不允许审查员进入营业场所，将被处以年收入1%的罚款；二是剥离业务，如果"看门人"经常性违反《数字市场法》，将有可能采取结构性分离措施，迫使其分拆或出售部分欧盟业务，以确保其无法利用自身规模和市场主导地位排挤较小的竞争对手。

3. 《数字服务法》政策内容

（1）适用对象。《数字服务法》的适用对象包括所有在欧盟单一市场提供服务的在线中介和平台，无论它们是在欧盟内部还是外部建立的。在法案中具体列出了四类数字服务主体：一是提供网络基础设施的中介服务，如互联网接入提供商、域名注册商等；二是托管服务，如云和虚拟主机服务等；三是连接卖家和消费者的在线平台，如在线市场、应用商店、共享经济平台和社交媒体平台等；四是大型在线平台，特指覆盖欧盟人口10%（4500万用户）以上的平台。

（2）定位。《数字服务法》是欧盟首个关于单一市场中介机构义务和问责的通用规则，将为欧盟跨境数字服务开辟新的机会，同时确保对欧盟所有用户提供高水平的保护。新规则适用于所有将消费者与商品、服务或内容连接起来的数字服务，包括更快删除非法内容的新流程和对用户在线基本权利的全面保护。新规则以欧盟价值观（人权、自由、民主、平等和法治）为基础，将重新平衡用户、中介平台和政府的权力和责任，将公民置于中心位置，有利于规模较小的平台、中小企业和初创企业的扩大。

（3）目标。欧盟委员会力图通过《数字服务法》的制定建立两个坚实支柱来解决欧盟数字经济发展存在的问题：一是更新《电子商务指令》关于责任免除和原产地规则（即服务提供者应遵循其注册地的法律法规）的内容，侧重加强在线平台在内容审核方面的责任，并在欧盟层面加强对平台的监管；二是制定"事前规则"，以确保小型平台能在已存在诸多大型平台的数字市场上保持公平、开放和有效竞争的地位。新规则意图实现三个目标：一是加强网络消费者权益保障；二是为在线平台建立强有力的、透明的、清晰的问责制框架；三是促进单一市场内的创新、增长和竞争力。

（4）在线平台的新义务。《数字服务法》将引入一系列在欧盟范围内协调一致的数字服务新义务，这些义务将根据服务主体的规模和影响分级，中介服务、托管服务、在线平台和超大型平台需要遵守的义务不同。四类数字服务主体都需要遵循制定透明度报告措施、在制定服务条款时充分考虑用户基本权利、按照主管部门的命令配合工作等义务。在线平台和大型平台都应建立"可信标记者"机制，人为甄别应删除的服务、内容和商品；需要提升在线广告和推荐算法的透明度、审核第三方供应商的资质、针对滥用通知采取措施和及时举报犯罪行为等。特别是针对大型平台，不仅要遵守控制自身风险的具体义务，还要遵守新的监督问责结构，明确风险管理义务并设立"合规官"，应对外部风险审计和公共问责，与权威机构和研究人员共享数据并与政府开展危机应对合作等，以确保整个单一市场的有效运行。

（5）预期影响。《数字服务法》显著改善了删除非法内容和有效保护用户在线基本权利的机制，还建立了对在线平台的更强有力的公众监督，特别是加强对覆盖欧盟10%以上人口的大型在线平台的监督。法案有以下预期影响：一是通过用户标记内容的机制及平台与"可信标记者"合作的机制，确保打击线上非法商品、服务或内容；二是通过对在线市场用户的追溯，识别非法商品的销售者；三是允许用户质疑平台内容审核；四是提升在线广告和推荐算法的透明度；五是要求大型平台有义务采取基于风险的行动，并对其风险管理系统进行独立审计，以防止其系统被滥用；六是让研究人员获得大型平台的关键数据，以监测在线风险；七是加强欧盟委员会对大型在线平台的监督，组建由欧盟各成员国数字服务协调员组成的欧盟数字服务委员会，有权直接处罚制裁大型平台。对公民而言，《数字服务法》将带来更多服务选择、更低的价格，减少接触非法内容的机会，基本权利得到更好保障；对数字服务提供商而言，《数字服务法》提高了法律的确定性和规则的协调性，在欧盟更容易启动和扩大规模；对使用数字服务的企业而言，《数字服务法》将带来更多服务选择、更低的价格，提供通过平台进入欧盟市场的渠道，提供打击非法内容提供者的公平竞争环境；对整个社会而言，《数字服务法》加强了对平台的民主管控和监督，缓解了系统性风险。

4. 战略目标

（1）优化数字市场竞争环境。《数字服务法》和《数字市场法》将建立更公平开放的数字市场，并将帮助企业克服市场失灵或"看门人"不公平商业行为所造成的系统性风险。这有助于支持小型平台、中小型企业和初创企业的规模扩大，为它们提供在单一市场上接触客户的便捷途径，同时降低合规成本。中小型企业的创新潜力将得到激发，形成替代性平台，以可承受的价格提供高质量、创新的产品和服务。根据欧洲议会研究服务中心有关《数字服务法》的评估报告（European Parliamentary Research Service，2020），欧盟在完善在线服务相关政策方面的共同行动，可能在2020~2030 年为欧盟国内生产总值增加 760 亿欧元。欧盟希望通过这两项新的数字立法，确保自身的数字企业能够在欧盟单一市场中成长并参与全球竞争。

（2）加强公民基本权利保障。《数字服务法》侧重社会责任领域，创造更安全的数字空间，保障所有数字服务使用者的基本权利，为用户提供安全、可靠的服务，针对在线平台上日益突出的虚假信息、恐怖主义、仇恨言论以及假冒伪劣产品等问题给出了治理对策。例如，为了限制在线平台滥用算法推送针对性广告，新规则要求大型平台发布其在线广告商的详细信息，并说明其使用何种算法来进行信息推荐和排序，数字服务协调员也将监管大型平台的定向广告算法是否合法。又如大型平台必须对用户在其平台上发布的内容负责，有义务第一时间删除不合规的信息，特别是阻止破坏公共卫生、影响选举、宣传仇恨言论、危害儿童等非法内容的传播。

（3）与美国科技巨头竞争。在数字经济监管方面，欧盟一直走在前列。虽然欧盟的科技企业占全球科技企业总市值不到4%，但其拥有近5亿具有充足消费能力的消费者①，是潜力巨大的数字市场。《数字服务法》《数字市场法》通过统一的规则和责任约束、更好的监管、更快的执法和威慑性的制裁，对已成为单一市场"看门人"的在线平台施加更多限制遏制其不正当竞争行为，并迫使其为平台上的非法内容承担更多责任。根据《数字服务法》，美国科技巨头的大型平台将比欧盟本土的小型平台受到更严格的审查，如果违背欧盟关于定向广告、网络非法言论、销售假冒商品等规则，可能面临高达数十亿欧元的重罚，还有可能面临分拆或出售部分业务的局面，甚至有被排除在欧盟单一市场之外的可能。

（4）掌握数据主权和数字执法主导权。欧盟近年来一直强调"数字主权"概念，也意识到数据本身是重要的生产要素。《数字服务法》《数字市场法》要求审查大型在线平台收集用户信息的情况，要求平台向监管机构和研究团体提供更多访问其内部数据的机会，同时反对平台企业利用由某项服务收集的数据改进或开发新的服务，某种程度上保护了欧盟内部数据不为外部企业所用，削弱了对手的竞争力。在新法案下建立的执法体系类

---

① 康恺.《数字服务法》或于年底落地 欧盟寻求立法加强数字经济监管［EB/OL］.［2020-09-22］. https://www.yicai.com/news/100779691.html.

似 GDPR 监管机制，如果欧盟成员国未能及时采取行动，欧盟委员会有权自行采取执法行动，将有力避免以爱尔兰为代表的低税率国家对美国科技巨头的偏袒。

二、美国政策举措

1. 政策出台背景

美国的反垄断法律与政策基本围绕反托拉斯法而制定，由 1890 年的《谢尔曼法》、1914 年的《联邦贸易委员会法》《克莱顿法》三大反垄断法案共同构成法律体系主体，后续又针对价格歧视、公司兼并中的垄断现象等具体问题颁布了多项法律来补充和完善。美国向来反对欧盟对数字科技巨头采取反垄断措施，但同时也在逐渐加大对数字经济领域的反垄断监管，1996 年微软反垄断案、2017 年高通反垄断案和 2020 年谷歌、脸书被美国政府提起反垄断诉讼表明，掌握了核心科技和数据资源的大型通信科技公司和互联网平台企业成了近年来美国反垄断的焦点。

2. 《数字化市场竞争调查报告》政策内容

（1）主要内容。2020 年 10 月，美国国会反垄断委员会发布《数字市场竞争的调查》（The House Judiciary Committee，2020），是美国国会委员会对数字企业首次进行的大型反垄断调查。报告中详细阐释了谷歌（Google）、亚马逊（Amazon）、脸书（Facebook）和苹果（Apple）四家科技巨头的垄断行为，翔实论证了各家公司的垄断机制。报告从五方面展开论述：一是调查活动情况，说明了此前的信息调取、听证会、圆桌会议等具体活动流程，阐述了大型互联网平台企业、相关市场参与者等调查对象的信息提供情况；二是数字化市场背景，对数字化市场的竞争情况和大型互联网平台企业的影响进行阐述；三是数字化市场细分领域分析，对在线搜索、电子商务、社交网络等十个细分领域的基本业务和市场情况作分别描述；四是调查对象具体行为分析，分别分析了谷歌、亚马逊、脸书、苹果四家科技巨头在各数字化市场细分领域的市场势力和具体行为，对相关企业的行为竞争损害情况作出证明；五是对恢复数字经济市场竞争、完善反垄断法、强化反垄断执行三方面提出建议。

（2）核心结论。报告通过对四家科技巨头的势力影响进行分析，得出谷歌、亚马逊、脸书、苹果分别在在线搜索市场、在线零售市场、社交网络市场、移动操作系统市场拥有垄断地位的结论。谷歌、亚马逊、脸书和苹果正在利用其用户数据、市场主导地位、收购和反竞争行为消灭竞争、扼杀创新，具体手段之一是收购新兴技术市场的创业公司，随后将其关停，以此来扼杀新生的或潜在的竞争对手，保障自身的主导地位。其他滥用市场权力的方式还包括额外收费、制定苛刻的合同条款，以及从个人和企业收集有用信息等。

三、中国政策举措[①]

1. 主要治理对象

平台经济作为一种新型经济形态，提高全社会资源配置效率、推动技术和产业变革、提升社会治理和公共服务水平，在满足人民消费需求、吸纳就业、疫情防控、助力脱贫攻坚等方面起到了重要作用，在我国经济社会发展全局中的地位和作用日益凸显。与此同时，平台经济竞争不充分、监管不到位引致新的风险，传统经济中的不规范问题在平台经济中进一步被放大，平台治理成为数字市场治理的关键抓手，面向平台经济主体的治理逐渐成为焦点问题（单志广等，2022）。

---

① 本节内容被部分收录于国家信息中心《中国共享经济发展报告（2022）》。

2. 治理政策特点

（1）平台主体责任要求逐渐细化。由于平台经济主体掌控越来越多的数据、技术和资产，同时连通了数量巨大的消费者、劳动者与经营者，具备影响社会秩序、商业活动、思想传播的能力，不能将其视为普通的经营主体。正如"十四五"数字经济发展规划指出，要"强化对平台经营者及其行为的监管""进一步明确平台企业主体责任和义务"，进一步明确平台主体应承担的经济责任、法律责任、社会责任和道德责任。2019 年以来，国家层面先后出台了与平台经济发展相关的多份文件，如国务院办公厅《关于促进平台经济规范健康发展的指导意见》（国办发〔2019〕38 号）、国家发展和改革委员会等九部门《关于推动平台经济规范健康持续发展的若干意见》（发改高技〔2021〕1872 号），从整体上确立了平台经济发展与规范并重的政策导向。针对各个特定领域也出台了文件，对平台主体应承担的责任进行约束或指引。例如，面向规范交易行为、监管经营活动，国家市场监督管理总局出台《网络交易监督管理办法》，制定了压实平台主体责任的具体制度规则。面向劳动者权益保障，人力资源和社会保障部等八部门联合发布了《关于维护新就业形态劳动者劳动保障权益的指导意见》。针对算法治理，中共中央网络安全和信息化委员会办公室等九部门联合发布了《关于加强互联网信息服务算法综合治理的指导意见》。针对网络不正当竞争行为，国务院反垄断委员会发布《关于平台经济领域的反垄断指南》。平台治理法治环境日趋完善，平台主体责任与义务的划分逐渐明晰，为平台深入履行公平竞争、劳动保护、消费者权益保护、安全风险管理等责任提供了指引。

（2）超大型平台责任成为政策重点。我国国家市场监督管理总局于 2021 年 10 月发布的《互联网平台落实主体责任指南（征求意见稿）》多角度、全方位细化了平台主体责任，并为不同规模的平台明确了不同的责任。35 条指导意见中有 9 条面向超大型平台，即在中国的上年度年活跃用户不低于 5000 万、具有表现突出的主营业务、上年底市值（或估值）不低于 1000 亿元人民币、具有较强的限制平台内经营者接触消费者（用户）能力的平台。提出了公平竞争示范、平等治理、开放生态、数据管理、内部治理、风险评估、风险防范、安全审计、促进创新 9 方面要求，而另外 26 条则为内容管理、用户管理等各类平台经营者均应履行的义务。国家市场监督管理总局同时发布的《互联网平台分类分级指南（征求意见稿）》还定义了超级平台的概念，即上年度在中国的年活跃用户不低于 5 亿、平台核心业务至少涉及两类、上年底市值（估值）不低于 10000 亿元人民币、具有超强的限制商户接触消费者（用户）的能力。无论是超大型平台还是超级平台，都具有海量的活跃用户数、突出的数据和技术优势、较强的限制竞争能力，因此也应承担更多的责任和义务。一方面，平台自身应加强内部合规治理，采取有效措施防止潜在的技术、经济和社会风险；另一方面，平台需发挥与其他平台、平台内经营者、消费者、劳动者、政府部门乃至社会千行百业的连接优势，形成合力推动经济社会创新发展。

3. 平台主体合规方向

（1）营造开放协作的创新生态。平台企业应从无序追求规模扩张向更好服务于社会效益转变，推动平台企业间合作、构建兼容开放的生态圈成为平台经济的引导方向。超大型平台应发挥公平竞争、包容发展的示范引领作用，提供符合互操作性的服务，避免为提升用户黏性、拓展服务生态而滥用市场支配地位。例如，行业龙头平台可开放自身数字化能力，帮扶传统企业和中小企业数字化转型；研发型平台可与数字技术服务企业、创新企业、社会开发者合作，带动产业繁荣创新。制造业平台可与产业园区联合运营，丰富技术、数据、平台、供应链等服务供给，推动产业集聚发展。

（2）更加注重数据安全和个人信息保护。平台在经营过程中积累了海量数据，其中部分数据不仅对平台自身有商业价值，更对国家安全、经济运行、社会稳定、公共健康和安全等具有重要意义。为保障国家安全和公共利益，对涉及用户个人信息的处理、数据跨境流动以及涉及国家和社会公共利益的数据开发行为必须严格监管。平台经营者在数据开发利用活动中应时刻对公共利益保持敏感，依法开展数据处理。依据《重要数据识别指南（征求意见稿）》评估数据面临的主要安全威胁，明确重要数据的来源、用途、共享情况、保护措施等，避免重要数据遭到篡改、破坏、泄露或非法获取、非法利用。特别是在平台"互操作性"的要求下，如何保障数据安全和个人信息有待进一步探索落实。

（3）加强算法规则公平性和透明度。借助算法提供服务定价、位置展示、推送信息等功能已广泛渗透至平台业务活动中，规则复杂、无视知情权等问题突出，难以做到和传统行业交易规则相当的公开性和透明度。2021年以来，《个人信息保护法》《反垄断法（修正草案）》《新一代人工智能伦理规范》《互联网平台落实主体责任指南（征求意见稿）》《关于推动平台经济规范健康持续发展的若干意见》等系列文件先后强调了对平台运用算法的规制，强调不得滥用数据、算法限制竞争，利用用户信息开展自动化决策应遵循一定的规范，凸显了国家加强算法行为监管的导向。平台主体应当提高交易规则透明度，运用大数据进行产品推荐、订单分配、内容推送、价格形成等活动时，需遵守公平、公正、公开的原则，遵守法律、法规，尊重社会公德和基本的科学伦理，不得利用平台规则和数据、算法等技术手段实施不正当行为。

（4）更加重视劳动者权益保护。平台提供大量灵活就业岗位，在吸纳就业方面做出了重要贡献。与此同时，由于平台在规则制定方面的强势地位，平台经营者与平台经济灵活就业人员之间的矛盾越发受到关注，塑造良性用工环境，保障灵活就业人员的劳动权益日渐成为重要命题。平台主体应当合理确定新就业形态劳动者与平台企业、用工合作企业之间的权利义务关系，更加注重保护劳动者的身心健康和工作环境安全，保障劳动者获取公平的、合理的报酬和人身意外伤害保障的权利。

第二节 构建数字贸易规则

一、欧盟政策举措

1. 构建标准规范的数字贸易体系

欧盟推动其数据处理规则和标准在全球范围的推广，力图主导全球数字经济领域标准规范制定。一方面应对在第三国运营的欧盟公司面临的不合理壁垒和限制；另一方面提升欧盟公司在数字经济领域的竞争优势，进而创造完全遵守欧盟法律的数字市场发展环境。通过在双边会谈和国际论坛中不断发声，欧盟开展了一系列标准规范体系的构建工作。一是《通用数据保护条例》的出台，使欧盟成为世界范围内的数字技术法规引领者；二是尝试在人工智能伦理道德方面确立领导地位，希望借此掌控全球人工智能产业的发展趋势；三是提出要建立一套欧盟各成员国共同使用的绿色投资规则手册，制定欧盟金融市场的基本规范。欧盟基于其价值观和战略利益采取开放而积极的国际数据政策，提出应确保与第三国自由的、安全的数据流通，但前提是不违背欧盟保护个人数据规则，且应遵守欧盟的公共安全、公共秩序和其他合法公共政策，包括解除数据流动的不合理障碍、打击政府过度采集数据和违规获取个人数据的行为，同时利用欧盟有效的数据监管和政策框架，吸引欧盟以外国家和地区的数据存储和处理，并促进基于这些数据空间的高附加值创新。

2. 优化市场竞争环境

欧盟意图建立符合自身价值观的企业公平竞争环境，以此提高本地企业的市场竞争力：一是打破商品或服务贸易的非关税壁垒，以来源地认证、环境友好型标准等方式提升产品竞争力；二是减少外国企业投资欧盟时的补贴行为造成的市场扭曲，完善补贴机制，发布应对外国补贴手段的白皮书和法案；三是推动各成员国开放公共采购市场，对其他国家在公共采购领域对欧盟企业的歧视性做法，欧盟采取同样措施限制进行反制；四是为了削弱以美国为主的境外跨国互联网巨头在数字领域的竞争力，为本地数字领域企业争取发展空间，欧盟大力倡导全球范围的数字服务税征收。

二、美国政策举措

1. 加强基础理论研究

美国在数字贸易基础理论研究方面走在世界前列，注重从数字贸易比较优势出发，加强对数字贸易发展动态和测度方法的研究，为其数字贸易规则的创建提供理论支撑。2013 年，美国国际贸易委员会（USITC）首次对数字贸易的概念做出了界定，并将数字贸易的范围分为数字内容、社交媒体、搜索引擎、其他产品和服务四类。经过后续多次修订，将数字贸易的范围扩大到任何行业的公司通过互联网进行产品和服务的交付，包括国内贸易和国际贸易，但不包括通过电商平台订购的实体产品和其数字附属品，为全球数字贸易的核算奠定了基础。

2. 推动贸易规则制定

为了破除传统国际贸易规则对数字贸易发展的限制，美国通过各种多双边谈判积极推动数字贸易规则的形成：一是在既有世界贸易组织框架下推动数字贸易规则制定，积极提出符合自身利益的建议；二是签订双边自由贸易协定，合作促进数字贸易发展；三是推动区域和多边谈判，先后主导了《跨太平洋伙伴关系协定（TPP）》《跨大西洋贸易与投资伙伴协议（TTIP）》《国际服务贸易协定（TISA）》等超大型自由贸易协定。

同时，美国还较早启动制度变革，建立适应数字贸易发展的组织机构，以推动构建符合自身优势和利益的数字贸易规则体系。2016 年美国贸易代表办公室（USTR）专门成立了数字贸易工作组（DTWG），负责统一协调数字贸易的核算和政策制定。2017 年，美国向亚太经济合作组织秘书处提交了《促进数字贸易的基本要素》报告，主要内容包括积极推动跨境数据自由流动、数据存储非强制本地化、倡导数字传输永久免关税待遇、推行网络开放和技术中立原则、禁止以开放源代码作为市场准入的前提条件等，加速形成符合美国数字贸易发展利益诉求的数字贸易规则。

三、美国和欧盟数字贸易规则之争

（1）美国和欧盟数字贸易规则博弈将越发激烈。当前，全球数字贸易正处于规则重塑的窗口期，以跨境数据自由流动、数字产品关税、知识产权保护为核心的数字贸易规则正在积极构筑阶段，相关议题将成为国家间在数字贸易领域的博弈焦点。美国的数字贸易发展居世界首位，数字内容产业和数字服务出口规模巨大，因此美国对数字贸易规则的关注点主要集中在开放全球数字市场、推动跨境数据自由流动以及反对强制转让数字核心技术等方面。欧盟各成员国数字贸易发展水平参差不齐，但整体仍在全球数字贸易中占据重要地位，因此欧盟对数字贸易规则的关注点主要是建立数据自由流动的数字化单一市场，提升竞争力和战略自主权。美国和欧盟之间围绕数据跨境自由流动、数据存储本地化、个人隐私保护、征收数字服务税等方面的根本性分歧短期内难以解决，合作与竞争将长期并存。

（2）全球数字贸易规则主导权成为美国和欧盟的争夺焦点。在全球科技革命的背景下，欧盟企业受到竞争对手的挤压，如何在夹缝中生存成为欧盟各国政府和企业迫切关注的问题。尽管欧盟在数字贸易市场规模、巨头企业等方面落后于中美两国，但其抢抓塑造全球数字规则的先机，通过制定《通用数据保护条例》、人工智能伦理道德框架、国际社会绿色投资规则，以及倡导数字税来宣示数字主权，意图在全球数字规则领域形成布鲁塞尔效应；而美国企图在七国集团、二十国集团、构建美国主导的数据治理规则为突破口，掌握数字贸易谈判筹码，意图以"数字贸易利益圈"联合争夺全球数字贸易规则主导权。

第三节　变革数字税收政策

一、数字税的背景

1. 数字税的缘起

数字经济作为一种新的经济形态，推动了生产方式、生活方式和治理方式深刻变革，电子商务、社交网络、数字支付等服务模式已广泛应用，对生产消费和生活消费产生巨大影响。当前国际税收体系通常以外国企业是否在东道国有常设机构作为是否征税的依据，而数字经济的各类商业模式在市场所在地并不一定有经营实体，可以依托网络，跨地域交付产品或服务，从而无需在市场所在地缴税变革。

数字税最初来源于法国文化部 2010 年提出的"谷歌税"，又称数字服务税，是国家对跨国企业在国境内销售的数字服务进行征税的一种税收规则，其开征意味着各国对划分税收管辖权提供了新的标准。随着全球经济逐步由实体经济向数字经济转移，数字经济蓬勃发展为税收带来巨大挑战，越来越多的国家和地区开始探索数字税变革。

2. 新特点与新挑战

数字经济对无形资产的依赖、数据和用户的参与、无实体的跨境经营等新特点对建立在传统经济基础上的现行税制带来前所未有的挑战：一是税收征管的范围由线下拓展到线上，征税对象的数字化、虚拟化、隐蔽化等特点使得税源更难监控、涉税信息更加隐蔽，企业所得利润难以界定和计量；二是数字服务不受空间约束，具有跨地域、跨国界的特征，经营行为的物理位置和利润实现通常是分离的，跨国企业避税频发，极易产生税基侵蚀和利润转移；三是随着数字技术与经济各领域深度融合渗透，新业态、新模式不断涌现，商业价值的供给方和收益方不再匹配，用户数据代替生产者成为企业价值创造的关键要素，对价值创造的规律产生深刻影响。

二、经济合作与发展组织政策举措

1. 提出背景

为了应对数字经济带来的税收挑战，2013 年，经济合作与发展组织与二十国集团联合发起了应对税基侵蚀与利润转移（BEPS）的项目，之后出台了一系列针对数字税的报告和提案。由于各国在数字经济领域的利益严重不对等，至今未达成具有多边性质的税收规则调整方案。经济合作与发展组织开展了大量技术性工作，于 2019 年公开征询了多个国家、地区、组织和数字经济从业者的意见，力图形成全球共性解决方案。2020 年，经济合作与发展组织发布了《关于应对经济数字化税收挑战"双支柱"方案的声明》及《双支柱蓝图报告》，汇总了相关方案建议，并提出下一步推进路线。

"双支柱"方案重点突破两方面问题：一是建立新的联结度原则，即明确常设机构的定义，确定市场所在地的征税权；二是建立新的利润分配规则，解决税基侵蚀和利润转移问题。

2. 方案内容

"双支柱"中，支柱一侧重于修订利润分配及联结度规则，更新对"常设机构"定义的依赖，确定市场所在地的征税权，包括三方面提案：一是用户参与提案，强调社交媒体、搜索引擎和电子商务等数字化商业模式中，用户的参与是创造价值的重要因素，在利润分配中应体现用户的贡献，提出修订联结度规则以使用户所在国享有对利润的征税权；二是营销型无形资产提案，认为商标、品牌、用户数据等营销型无形资产是连接跨国数字企业和市场所在国的纽带，提出修订联结度规则以使得市场所在国有权对营销型无形资产的全部或部分利润征税；三是"显著经济存在"提案，认为如果一个非居民企业通过数字技术与市场所在国进行有目的并持续的互动，则市场所在国可以对企业征税。之后，三个提案逐步融合，赋予用户和最终消费者所在的市场国征税权，将大型跨国企业的一部分剩余利润分配给市场国。

支柱二侧重于全球反税基侵蚀解决方案，主要针对跨国公司将利润转移到税收洼地的问题，提出建立全球最低税率制度，包括三方面提案：一是收入纳入规则，如果境外分支或受控实体获得收入适用的税率低于最低税率，则股东所在国可以对此收入征税；二是低税支付规则，如果一笔对外支付款项适用的税率低于最低税率，则支付方不能享受税前扣除；三是应予纳税规则，可以向对外支付款项征收预扣税，如果付款适用的税率低于最低税率，则支付方不能享受某些税收协定的优惠。2021 年 10 月，经济合作与发展组织宣布 136 个国家和司法管辖区就 15% 最低企业税率达成共识，该全球数字税收协议拟于 2023 年实施①。

三、欧盟政策举措

1. 方案内容

2018 年 3 月，欧盟委员会提出了对数字活动进行征税的数字税提案，包括过渡方案和长期解决方案。该提案重点强调了数字经济活动中用户数据对价值创造的贡献，要求市场所在地政府能公平合理地获得税收。

过渡方案是针对数字经济活动收入征收数字税，以确保欧盟成员国在长期税改实施前能立即向数字经济活动征税，同时避免个别成员国单方面征税对欧盟单一市场的损害。征税范围限于用户在价值创造中发挥重要作用的部分数字经济活动，包括在线广告、数字中介、数字内容和用户信息产生价值。根据欧盟委员会数据，为了确保数字经济平等有序发展，征税对象为全球年收入总额为 7.5 亿欧元以上且在欧盟收入为 5000 万欧元以上的数字企业，即仅对具备一定规模和社会影响力的大型数字企业生效，中小型企业和初创型企业无须缴税。

长期解决方案是针对企业数字经济活动利润分配的一般性改革，旨在

---

① 宗欣雯. OECD 宣布 136 个国家和司法管辖区达成国际税改协议［N］. 中国税务报，2021-10-12（5）.

从根本上解决数字经济活动征税问题。企业符合以下三项条件中的任意一项，即视为在市场所在国家有常设机构：一是在欧盟某一成员国内的年收入超过 700 万欧元；二是在一个纳税年度内在欧盟某一成员国的用户数超过 10 万名；三是在一个纳税年度内与用户签订的数字服务合同超过 3000 份。该规则将改变数字经济利润分配方式，保障欧盟成员国可以向境内获得利润但没有实体机构的数字企业征税。

欧盟各成员国对上述税改提案的意见并不统一，爱尔兰、卢森堡等低税率国家强烈抵制，而瑞典、丹麦、芬兰等数字经济实力较强的国家则担心遭到美国的报复性关税。欧盟成员国中数字税支持国、反对国、中立和观望国三者的比例为 1∶1∶2，因此相关提案并未能顺利实施。

2. 动因分析

欧盟推进数字税的征收有多重考虑。对内旨在提升本土财政收入，促进欧盟数字产业发展。对外通过加强监管意欲遏制外来大型企业过快发展，长远来看，更有借助欧盟单一市场引领世界数字经济领域规则的意图。

（1）填补税基侵蚀和利润转移漏洞。根据欧盟委员会数据，以四大美国科技巨头（GAFA）为代表的美国跨国数字巨头利用经济体间的税制差异漏洞转移利润的问题由来已久，通过"爱尔兰荷兰三明治避税法"，税率甚至可以降到 1% 以下。据欧盟委员会估计，跨国公司的避税行为会使欧盟成员国每年损失 500 亿~700 亿欧元的财政收入，税收流失问题亟待解决[①]。

（2）与美国争抢互联网红利。欧盟是全球最大的数字经济市场之一，然而由于缺乏全球领先的科技企业，欧盟数字市场有 54% 的份额被美国的线上服务占据。欧盟在全球数字经济中扮演的角色是消费者而非数字产品

---

① 中国新闻网. 每年损失 500 亿欧元：欧盟出新规打击跨国企业避税［EB/OL］.［2016-01-29］. http://www.xinhuanet.com/world/2016-01/29/c_128683605.htm.

和服务的主要提供者，这使其逐渐沦为美国科技巨头的数据原产地和数字服务市场，成为"数字殖民地"。欧盟试图通过罚款、数字税、《通用数据保护条例》等系列措施提升美国科技巨头在欧盟的合规成本，并与美国争夺互联网红利。

（3）争夺国际税收规则话语权。现行的国际税收体系已不适应数字经济的时代特征，国际多边税收秩序调整因各国利益冲突而进展缓慢。在国际税收体系改革尚未取得阶段性成果的情况下，采取单方面行动开征数字服务税，制定符合国家利益的税收规则，并在其他国家复制和推广数字服务税法案的过程中巩固规则，是争夺国际税收规则话语权的重要手段，符合欧盟成为全球数字化领导者的战略意图。

（4）强化数字市场监管力度。欧盟基于数字化单一市场建立一套统一的数字税务标准和体系，将有利于获取互联网企业的企业营收、业务构成、人员结构、市场分布等相关数据，进而实现对企业数字经济活动的实时掌握和深入监督，也将有利于对数字经济发展进行核算和评估，为政府部门履行经济调节职能和市场监督职能提供支撑。

（5）保障税收公平和增加社会福利。根据欧盟委员会 2018 年数据，欧盟数字活动的有效税率只有 9.5%，传统商业模式则为 23.2%，征收数字税有望营造传统企业和数字企业和谐发展、公平竞争的环境①。在现有税制下，数字消费创造的价值被数字企业独占，提供数据的公众并没有获得合理收益。开征数字服务税，可以将公众在数字消费中创造的价值进行再分配，维护公众福利。

---

① European Commission. Questions and Answers on a Fair and Efficient Tax System in the EU for the Digital Single Market［EB/OL］.［2018-03-21］. https：//ec. europa. eu/commission/presscorner/detail/en/MEMO_ 18_ 2141.

四、美国政策举措

1. 对内举措

美国作为数字服务输出国，用多种方式保障自身税源最大化。美国向经济合作与发展组织提出的"营销型无形资产"方案，认为商标、品牌、用户数据等无形资产可通过营销活动为企业增收，因此主张消费者所在的市场国有权对营销型无形资产创造的部分利润征税。与欧盟数字税提案不同，美国营销型无形资产方案的征税对象更广，既包括互联网企业，也包括传统消费品企业。同时，美国对市场国参与利润分配的规则做出了限定。一方面，对跨境电商等数字产品与服务，只在市场国有广告开支、客户管理、品牌形象，构成了营销型无形资产，市场国可以根据一定的规则分配利润；另一方面，定义本国企业对外投资产生利润时只有规定比例的利润留在市场国，而大部分利润则归美国所有。为鼓励本国无形资产和高附加值产品出口，美国还为本国企业设立了税收优惠与税额抵免的规则，规定从境外取得的无形资产收入可在回国申报税收时抵扣部分成本。

2021 年 4 月，美国财政部发布的《美国制造税收计划》指出，现行的企业所得税制度鼓励企业向海外投资，加剧了企业将生产和利润转移到海外低税率国家的动机，引致税收下降。因此，美国要实施企业税收改革，取消离岸投资激励，大幅减少因跨国公司转移利润而造成的税源损失问题。具体措施包括提高企业所得税税率、提升全球最低企业税率等，试图结束通过低税率吸引跨国企业的"逐底竞争"。

2. 对外举措

美国积极推动数字经济时代税收制度的发展和完善，但由于其他国家征收数字税可能给本国数字服务领军企业带来巨额利益损失，美国对其他国家为数字经济设立税种的行为长期持反对态度。因此，美国依据贸易法"301 条款"对已执行或拟提出数字税的经济体启动调查，通过加征惩罚性关税的方式对这些经济体进行反制，以期暂缓其他经济体的数字税征收进程。例如，2019 年法国向美国互联网巨头谷歌公司征收将近 10 亿欧元（约合 78 亿元人民币）的罚款和税款后，美国宣布拟对价值 24 亿美元的法国输美商品加征最高达 100% 的关税。2020 年，美国又对欧盟、英国、奥地利、捷克、意大利、西班牙、土耳其、巴西、印度和印度尼西亚 10 个贸易伙伴的数字服务税发起"301 调查"，并认定这些贸易伙伴已实施或计划征收的数字服务税是对美国企业的歧视。美国相关举措一定程度上达到了暂缓其他经济体数字税征收进程的目的，在 OECD 全球最低企业税率的过渡期，协议的相关签署国将不能向美国科技巨头征收新的数字服务税。

五、其他经济体政策举措

与欧盟情况类似，许多经济体作为重要的数字经济市场，却缺少与其地位相当的科技巨头，导致境外跨国数字企业在其数字市场占据重要地位。为避免境外跨国数字企业在本地逃避缴税责任，并为本地数字领域企业争取发展的机会窗口，这些经济体大力倡导全球范围的数字税征收。由于国际税收秩序改革进展缓慢，难以就全球范围征收数字税达成共识，目前部分经济体已经开始筹划或实施数字税等类似税种，采取单边行动以税收政策维护本国利益。

法国数字税法案生效早于欧盟，推动了欧盟立法。法国于 2019 年 7 月通过了欧洲首个生效的数字税法案，对全球年收入超过 7.5 亿欧元、法国境内年收入超过 2500 万欧元的网络广告商、以广告为目的的用户数据销售商和网络中介平台企业征收 3% 数字税，推动国际数字税规则从多边走向单边。作为欧盟数字税提案的重要推动力量之一，法国意图以此应对全球数字经济变革对税收制度的挑战，同时封堵跨国数字企业的避税行为，增加自身财政收入。由于受到影响的大多是美国企业，其中以谷歌（Google）、亚马逊（Amazon）、脸书（Facebook）以及苹果（Apple）四大美国科技巨头为重点征税对象，该数字税法案也被称为"GAFA 税法"。

英国、意大利、西班牙、奥地利、匈牙利、土耳其等欧洲国家采取类似做法，对 GAFA 等跨国数字巨头征收数字税，旨在规制通过将利润转移到爱尔兰等低税率地区而逃避支付高额税收的行为。为了起到保护本国数字企业的目的，欧洲的数字税政策一般设置较高的起征门槛和较为有限的征税范围，通常面向全球年收入超过 7.5 亿欧元企业的在线广告、搜索引擎、社交媒体、中介平台、数字内容、游戏和云计算等服务，而并非对全部数字企业征税。

六、全球数字税博弈影响研判

（1）数字税加剧各国重返单边主义。由于多边经贸协定文本与实践发展脱节、争端解决机制缺乏有效性、各方对市场经济模式的理解缺乏共识，国际社会始终未能形成一致的数字税制度设计。各国为了单方面解决数字经济带来的不公平问题，以各种理由回避协商过程，单独开展形式各异的"数字税"立法。这种重返单边主义的数字税模式与数字经济发展的直接关联不大，实质上更侧重贸易保护，将国际贸易争端解决机制向规则导向转变，极有可能引发新的国际争端。

（2）数字税为贸易保护主义披上"新外衣"。欧美数字税博弈主要依靠条约对事件进行客观裁定，而非通过外交斡旋来维护国际贸易体系的稳定发展，在数字税中嵌入其他政策目的，意图通过单边措施改变数字经济时代的国际税收秩序，将数字税发展为贸易保护主义的全新工具。从本质上来说，数字税从临时措施向单边措施的转变已超出其制度初衷，可能构成新型服务贸易壁垒，有扰乱国际税收秩序的风险。如果无视这个倾向，那么尚未推行数字税的经济体完全可以考虑采取相似的手段作为反制措施，加剧贸易保护主义的泛化。

（3）我国受数字税的潜在影响。我国同时扮演商品出口国、劳务输出国和全球最大消费市场的双重角色，大型科技企业的数量仅次于美国。根据欧洲国际政治经济中心（ECIPE）研判，中美两国并列为受数字税影响最大的两个国家。面对当前错综复杂的国际税制变革环境，一旦数字税改革在全球范围内推广，我国企业将首当其冲。由于数字税使贸易保护的实施更加隐蔽，现有国际争端解决机制不一定完全适用，应防范其他国家借"数字税"之名，对我国行"贸易保护"之实。

第四节　碳边境调节机制的国际比较分析与对中国的发展建议

一、全球碳边境调节机制现状

1. 碳边境调节机制的背景

《巴黎协定》提出了全球经济"脱碳"目标，为全球共同应对气候变化提供了政策基础。近年来，许多国家和地区提出了碳中和目标，并将低碳发展与经济复苏紧密联系起来，设计碳交易市场战略，制定相关的长期政策。在碳中和背景下，由于各地区碳定价政策存在差异，企业出于规避监管和降低成本的目的，向排放政策更加宽松的地区转移生产、导致本应减少的碳排放转移到其他地区的"碳泄漏"风险日益增加。为解决碳定价政策可能引发的碳泄漏和竞争力降低等挑战，部分国家对碳边境调节机制（Carbon Border Adjustment Mechanism，CBAM）开展了探索。

2. 美国加利福尼亚州碳边境调节机制

自 20 世纪末以来，美国提出了一系列联邦层面的碳边境调节、限额交易或碳税制度提案，但始终未能成功推出全国性的政策。美国将碳边境调节机制视为一种保护国内产业竞争力的工具，但在没有明确碳定价机制的情况下实施碳边境调节难度极大，可能会导致对边际减排成本高于平均的生产商保护不足，而对边际减排成本低于平均的生产商保护过度。2021 年 3 月，美国气候特使约翰·克里在访欧时曾表示，不希望欧盟实施碳边境调节机制，称其"对经济、贸易具有严重影响"。但同时美国出台的《2021 贸易政策议程及 2020 年度报告》中明确表示将考虑设置碳边境调节税。目前看来，美国在全国层面推行碳边境调节机制的前景尚不明朗。而在州政府层面，加利福尼亚州碳排放交易体系在一定程度上实施了碳边境调节机制。2013 年 1 月 1 日，加利福尼亚州正式启动碳排放交易体系，覆盖电力、石化、钢铁、造纸、水泥等行业，通过免费发放和拍卖两种方式分配排放配额。相关碳排放数据按照统一的核查流程、核查内容，由符合资质要求的第三方机构进行核查。其中电力行业的碳排放量既包括州内发电排放，也包括进口的外州发电排放。该体系对进口电力在加利福尼亚州之外产生的碳排放也占用配额，以此实施对进口电力供应商的碳排放监管，体现了碳边境调节。

3. 欧盟碳边境调节机制

2021 年 1 月，欧盟通过了《欧洲绿色协议》以应对气候危机，该协议包括更高的减排目标、扩大欧洲碳排放交易体系（EU ETS），同时也提出了碳边境调节机制，以降低碳泄漏风险。2021 年 7 月，欧盟委员会提交了碳边境调节机制提案（European Commission，2021a），作为《欧洲绿色协议》的核心部分，其核心目标是解决碳泄漏风险并加强欧洲碳排放交易体系。欧盟碳边境调节机制提案评估了 6 种可能的政策工具，包括征收进口碳关税、4 种对进口产品适用的 EU ETS 的变体以及对碳密集型行业征收消费税。通过影响评估，提案认为其中较优的一种方案是根据第三国生产者的实际碳排放量提交碳边境调节机制证书，在过渡期逐步取消 EU ETS 下的免费配额。进口商在过渡期仅需申报商品的隐含碳排放量和在原产国已支付的碳价；过渡期之后需申报商品的隐含碳排放量和在原产国已支付的碳价；自 2026 年起进口商需逐年申报商品的隐含碳排放量并清缴相应数量的碳边境调节机制证书，如果进口商能够证明商品在生产过程中已经在第三国支付了碳价，则可以扣除相应的成本（European Commission，2021b）。欧盟碳边境调节机制法案的修正案于 2022 年 6 月正式通过，2023～2026 年为过渡期，预计将从 2027 年开始正式征收碳关税。

二、碳边境调节机制的现实争议

（1）对全球的减排作用存在争议。欧盟认为碳边境调节机制是解决碳泄漏问题的重要举措，有助于全球减排，然而多方研究并不支持此观点：第一，覆盖行业有限。欧盟碳边境调节机制初期将仅纳入钢铁、水泥、化肥等特定行业，尽管欧盟希望覆盖碳交易市场的所有商品类别，但考虑到法律审核流程和各方谈判等因素，最终能实施关税征收的行业可能不如预期。第二，减排效果不高。据测算，欧盟碳边境调节机制仅能帮助全球总碳排放量降低 0.3%[①]，与各国碳中和目标相比接近于零。第三，实施成本高昂。预计欧盟碳边境调节机制造成的全球实际减排成本为 88 美元/吨二氧化碳[②]，高于欧盟碳交易排放体系（EU ETS）碳价水平。而在美国加利福尼亚州，由于碳边境调节机制未能覆盖所有地区，电力交易商可通过跨地区资源置换规避减排义务，反而增加了碳泄漏，抵消了减排成效。

（2）与国际贸易规则存在冲突。欧盟碳边境调节机制根据生产过程中的碳排放量对不同生产地的同类产品提供差别待遇，有违《关税及贸易总协定》（GATT）中的最惠国待遇原则。强制要求不同能源结构和技术水平的国家与欧盟执行统一的减排制度，将减排成本转移给碳价格低于欧盟的国家（多为发展中国家），也违反了根据《联合国气候变化框架公约》《巴黎协定》各个国家"共同但有区别的责任原则"。对此，中国、印度、巴西、南非"基础四国"认为碳边境调节机制属于贸易壁垒，具有歧视性，且违反了公平原则、共同但有区别的责任原则和各自能力原则。俄罗斯、澳大利亚等国也指出，碳边境调节机制实为新的贸易保护主义，对其持坚决反对态度。

（3）核算工作实施难度较大。按照欧盟碳边境调节机制提案的建议，进口商需要逐年报告商品的隐含碳排放量，并据此清缴相应数量的证书。如果进口商无法提供核算数据，则用全球或各地区产品平均隐含碳排放量的默认值代替。而隐含碳排放量即根据指定方法计算商品生产过程中释放的直接碳排放量，涉及商品全生命周期的各个环节，基于产品核算隐含碳排放量的技术复杂性较高，需要可靠的基础数据，还需投入大量专业人士进行专门的信息采集、统计与核实，行政成本之高并非每个企业都能解

---

①② 谢超，彭文生. 欧盟碳边境调节机制对中国经济和全球碳减排影响的量化分析报告 [R]. 中金研究院，2021-05-26.

决。不同国家、不同行业的碳排放计量标准仍在探索完善中,温室气体核算标准也存在地区和行业差异。特别是许多发展中国家尚未建立成熟的排放数据监测、报告与核查(MRV)体系,较难提供与欧盟碳交易市场水平相当的核算能力。

三、碳边境调节机制对我国贸易的潜在影响

(1)短期可能提高我国出口成本。从整体上看,中国已成为欧盟的最大贸易伙伴。即使在新冠肺炎疫情冲击下,2020 年欧盟从中国进口商品3835 亿欧元,同比增长 5.6%[1]。我国各部门产品的全生命周期碳排放强度是欧盟同行业产品的 2~4 倍,其中电力、非金属矿物制品、金属制品的全生命周期碳排放强度最高[2],如碳边境交易机制实施,我国相关行业的出口成本将增加。据测算,如果欧盟对我国征收碳关税,出口商品的平均关税税率将上升 4.5 个百分点,其中机械设备、纺织、石油化工行业的关税税率将分别提升 4.3 个百分点、2.8 个百分点、5.7 个百分点。而无论欧盟碳边境调节机制采用六种建议形式中的哪一种,我国对欧盟出口都会有所下降,降幅预计达 1.98%~13%,出口成本也将增加上亿美元/年[3],将对我国对外出口制造业产品的竞争力造成一定影响。

(2)部分行业市场竞争将更加激烈。从行业来看,我国对外出口制造业产品能耗普遍较高,绿色技术普及较慢,碳足迹明显高于欧盟平均水平。以钢铁行业为例,我国钢铁行业碳排放量占全球钢铁碳排放总量的

---

① 张朋辉. 欧盟统计局发布数据显示中国二〇二〇年成为欧盟最大贸易伙伴 [N]. 人民日报,2021-02-17 (3).

② 谢超,彭文生. 欧盟碳边境调节机制对中国经济和全球碳减排影响的量化分析报告 [R]. 中金研究院,2021-05-26.

③ 段茂盛,李莉娜,陶玉洁. 欧盟碳边界调整机制:浅析欧盟委员会的立法提案及其对中国的潜在影响 [R]. 清华大学,2021.

60%以上，因此将是受到碳边境调节机制冲击最大的行业。我国大量采用高炉炼钢法和氧气顶吹转炉炼钢法，生产每吨钢材约排放 2 吨二氧化碳当量；小型电弧炉炼钢厂比例更高的国家，碳效率更高，如加拿大和韩国生产每吨钢材排放 1.5 吨二氧化碳当量，美国和土耳其生产每吨钢材排放约 1 吨二氧化碳当量[①]。而欧盟自身较早研发绿色钢铁，碳足迹与传统钢铁相比将下降66%[②]，特别是瑞典、德国、奥地利等国家的钢企竞相启动氢能炼钢探索，在碳边境调节机制下将更有竞争力。

（3）长期对我国经济影响逐渐减弱。由于我国贸易结构优化和出口产品结构调整，在国际贸易中的隐含碳净出口量显著下降，由 2010 年的 17.1 亿吨降至 2019 年的 9.9 亿吨[③]。在"以国内大循环为主体，国内国际双循环相互促进"的新发展格局逐步形成的背景下，生产侧和消费侧的减排压力将更加集中在国内，而隐含碳净出口量将进一步下降。随着我国加速低碳转型发展，积极采取行动来推进碳中和目标，欧盟碳边境调节机制对我国的影响将逐步减弱。同时，随着我国碳排放权交易市场的启动，高耗能行业逐步纳入碳市场，全国碳市场碳排放配额（CEA）挂牌协议交易价格达到 50~60 元/吨[④]，预计后续仍将持续提升。尽管目前我国碳交易价格明显低于欧盟价格，但长远来看，随着国内碳价提升，中欧碳交易价格差距缩小，欧盟以解决碳泄漏为由征收的碳税也将随之降低。

---

① The Boston Consulting Group How an EU Carbon Border Tax Could Jolt World Trade ［EB/OL］. ［2020-06-30］. https：//www.bcg.com/zh-cn/publications/2020/how-an-eu-carbon-border-tax-could-jolt-world-trade.

② 刘霞. 欧洲钢企竞相研发绿色钢铁［N］. 科技日报，2021-08-23（4）.

③ Stavins R. 地方碳排放权交易体系的经验和教训［R］. 哈佛大学肯尼迪政府学院，2021.

④ 上海环境能源交易所发布的全国碳市场每日成交数据，2022 年 5 月更新.

第五节　对中国的启示和建议

一、加强数字服务监管的建议

（1）完善数据治理体系。一是围绕数字服务过程中采集和使用的数据要素，进一步研究界定数据使用权、所有权、管辖权等权属问题，规范在线平台企业对用户数据的采集和使用，对平台滥用市场支配地位，私自采集、使用、转让数据等行为进行惩处；二是针对生物信息识别、无人机等新技术带来的隐私问题，完善相关政策和标准，保护个人隐私数据，严厉打击对隐私数据的过度采集和非法泄露；三是强化数据跨境安全保护，对跨国在线平台企业业务过程中可能产生的跨境数据流动，遵循以境内存储为原则、以安全评估为基础的基本管理方式。

（2）增强政府监管力度。第一，完善监管政策，结合数字经济发展中涌现的实际问题，在平台企业监管政策、监管执行、责任分工、风险预警等方面构建综合治理框架。在反垄断、消费者权益保护、网络犯罪等突出领域，研究制定针对性举措。第二，构建政企合作监管体系，政府充分承担引导和监管职责，企业发挥自主性和专业性，共同营造良好的数字服务发展环境，提高监管效率，提升服务质量。第三，参与数字服务国际治理，积极参与国际贸易规则制定、标准制定和国际协调，综合考虑国际社会在数字服务方面的政策制定，从国家数字经济发言权和企业竞合等不同角度提前制定应对策略。

（3）增强服务主体责任。第一，规范在线平台企业行为，引导平台企业对销售假冒伪劣商品、提供非法服务、发布不当言论等违规用户行为加强监管力度，制定应对措施，强化风险管理。大型在线平台企业应主动研究欧盟及其他国家和地区的相关法律法规，避免因政策理解问题或自身不规范经济活动被国外执法机构制裁。第二，加强在线平台行业自律，细化在线平台应遵守的规范和义务，通过第三方行业监管和相互监督，营造公平、有序的数字服务市场环境。第三，鼓励平台企业服务创新，通过制定市场负面清单排除影响经济社会稳定的行为，在规范管理的前提下充分激活在线平台创新活力，鼓励开发更多的新服务、新模式。

二、构建数字贸易规则的建议

（1）深入推进贸易数字化发展。我国应促进贸易主体转型和贸易方式变革，完善数字贸易政策，积极引进优质外资企业和创业团队。大力发展跨境电商，打造跨境电商产业链和生态圈；积极参与数字经济领域全球科技合作与科技创新治理，推动"数字丝绸之路"走深、走实，高质量开展智慧城市、电子商务、移动支付等领域合作，创造更多利益契合点、合作增长点、共赢新亮点，让数字经济合作成果惠及各国人民；持续推动体制机制创新，改善开放发展的制度环境。进一步缩减外资准入负面清单，有序扩大电信、医疗等服务业领域开放，修订扩大《鼓励外商投资产业目录》，出台自由贸易试验区跨境服务贸易负面清单；深度参与绿色低碳、数字经济等国际合作，积极推进加入《全面与进步跨太平洋伙伴关系协定》（CPTPP）、《数字经济伙伴关系协定》（DEPA）。

（2）坚决维护数字贸易多边机制。全球范围内数字经济的迅速发展呼唤互利共赢的数字经济新规则，而零散的双边协议、区域协议拼凑成的数字经济治理格局往往导致数字贸易保护主义抬头，形成治理赤字。我国应维护开放型世界经济和真正的多边主义，以积极开放态度参与数字经济、贸易和环境、产业补贴、国有企业等议题谈判，维护多边贸易体制国际规则制定的主渠道地位，维护全球产业链、供应链稳定；二是推动二十国集团等组织发挥国际宏观经济协调平台功能，建设性参与亚太经济合作组织、金砖国家等国际组织治理合作，推进上海合作组织区域经济合作。提高参与国际金融治理能力，推动主要多边金融机构深化治理改革，支持亚洲基础设施投资银行和金砖国家新开发银行更好发挥作用，促进区域金融市场联通，维护全球和区域经济金融稳定。

（3）积极参与数字贸易国际规则制定。为应对数字经济国际化发展形势及国际规制，我国应积极参与构建公正合理、开放兼容的国际数字经济规则体系：一是积极参与联合国、世界贸易组织、二十国集团、亚太经济合作组织、上海合作组织等机制合作，尽快围绕数据跨境流动、市场准入、反垄断、数字货币、数字税、数据隐私保护等重大问题健全治理规则；二是对于已有的、成熟的数字贸易治理国际规则，要积极适应，不断修订和完善自身治理规则，努力实现国内规则与国际规则的协同；三是对于尚不健全的数字贸易治理国际规则，要早谋划、早动手，在借鉴已有经验的基础上提出中国方案、设计中国规则。

三、应对数字税收变革的建议

（1）审慎借鉴国际经验。由于我国互联网企业发展较快较好，且本土数字经济市场未被跨国数字经济企业垄断，征收数字税的动机和基础都与欧盟等经济体有较大差异。征收数字税可能对我国互联网企业的创新积极性和国际竞争力产生影响，从中获得的税收收益也将远低于欧盟。因此短期仍需结合我国实际需要，稳中求进实施减税降费措施，不宜对其他经济体的数字税举措进行简单模仿。随着全球数字税收变革推进，可能会有大批资本从"避税天堂"流出，我国应抓住机遇，提升对外资的吸引力，有针对性地研究完善现行税收优惠政策，重点优化营商环境，提高税收征管能力。

（2）建立税收储备政策。在现行税制下，数字经济相较传统经济，享受着诸多不公平的税收优惠甚至税收空白，例如一些市值较高上市互联网企业注册在开曼群岛进行避税，又如微商、直播、网约车等行业税收监管难度大。因此我国应积极、灵活地应对数字经济时代涌现的新技术、新业态、新模式对税务工作的挑战，充分研究考虑数字经济固定资产轻量化、交易流程网络化、交易凭证虚拟化等特征，灵活调整税收征管办法。同时可以借鉴法国等国家的做法，将针对跨国数字巨头的数字服务税或类似税种作为应对贸易摩擦的备用政策工具之一，提出应对数字经济对现有税制影响的"中国方案"，重塑中国在全球税收治理体系中的角色。

（3）积极参加国际税收规则协调。虽然包括中国在内的100多个国家已对全球最低企业税率初步达成共识，但该税收制度改革距离正式实施还有许多技术细节尚未解决，可以预见各国会围绕自身利益展开谈判。在国际经贸博弈的复杂局势下，需要警惕美国等西方国家主导数字税制定和谈判的主导权，在我国话语权较少的合作框架内达成对我国不利的协议。建议积极深入参与国际税收规则的制定，通过区域性自由贸易的双边协定、多边协定的谈判等推行对我国有利的数字税收规则主张，发出数字经济生产大国和消费大国的声音，推动国际数字税收规则体系朝着更加相互尊重、公平正义、合作共赢的方向发展。依托"一带一路"、区域全面经济伙伴关系等多边合作机制和区域全面经济伙伴关系协定（RCEP）签订契机，联合贸易立场相似的新兴经济体、发展中经济体，打造数字贸易规则

"朋友圈"，形成有助于我国数字企业"走出去"的数字贸易合作。

四、应对碳边境调节机制的建议

（1）构建完善科学的排放数据监测、报告与核查体系。准确可靠的碳排放数据是出口商积极有效应对国际碳边界调整机制的基础。自2011年我国启动地方碳市场试点以来，在各地实践中积累了一定的碳排放核算经验，部分高排放行业已有数据核算基础。随着国家碳市场启动，应着力完善碳排放核算相关制度规范：一是加快推动《碳排放权交易管理暂行条例》尽快出台，细化技术支撑体系，加强资金支持力度；二是拓宽纳入碳市场核算的行业范围，丰富行业标准和技术规范；三是培育高质量碳核算机构，鼓励国内第三方碳核算机构强化核算能力建设，取得国际认证资质，为我国出口企业应对国际机制提供合规支撑。

（2）加快我国碳交易市场建设。进一步建设制度完善的碳交易市场，激发市场活力。一方面，促进我国实现碳达峰、碳中和目标；另一方面，在国际对话中创造有利条件。具体措施：一是适度扩大国内碳交易市场范围，将更多行业纳入控排范围，同时参考国际碳边境调节机制的覆盖范围进行动态调整；二是基于我国国情建立针对碳泄漏的政策工具，控制国内区域间、行业间、行业内的碳泄漏，既能提升减排效果，也能对已建立碳泄漏机制的经济体形成对等约束关系，保护我国出口企业的国际竞争力。

（3）加强生产技术绿色升级。在碳达峰、碳中和目标下，绿色低碳的制造工艺和减少碳排放的技术创新将成为我国重要竞争力。一是大力发展水能、风能、光伏发电等可再生能源及氢能等清洁能源发展，加强政策倾斜，提高清洁能源消费占比；二是鼓励制造业企业加强对生产工艺的升级改造，推动供应链上下游开展清洁替代，减少全生命周期碳排放；三是支持绿色技术研发，加强碳捕捉和碳封存技术研究，促进碳减排，发展储能技术，提高能源利用率。

（4）积极开展国际对话协调。全球气候治理呈现制度碎片化、多极化的特征，在此背景下，我国应坚持自身发展中国家地位和"共同但有区别的责任"原则，持续构建多边主义的全球环境治理体系：一是加强深层次国际协调，由于欧盟碳边境调节机制是目前全球进展最快、可能影响最大的碳价政策，建议就此制度保持与欧盟和世界贸易组织的沟通，反对环境保护工具成为贸易保护工具，为国内出口行业和企业争取更多的应对和准备时间；二是依托"一带一路"、中国—东盟、上海合作组织等多边、双边国际合作机制，促进联合气候行动，积极参与绿色技术规范制定；三是加强打造中欧绿色合作伙伴关系，构建双向绿色贸易体系，促进碳核算体系、低碳技术等方面的交流与合作。

第五章

部分欧盟成员国数字化转型
典型企业案例

第一节　德国：制造业数字化

一、思爱普公司（SAP）

1. 企业简介

思爱普公司（SAP）是全球商业软件市场的领导厂商，提供优质的应用程序和服务。SAP 的核心业务是销售其研发的商业软件解决方案及其服务务的用户许可证，主要用途是帮助企业建立或改进其业务流程，使之更为高效灵活，提高企业的运行效率。

SAP 致力于推动"中国加速计划"，为 SAP 在中国本地的团队提供一系列支持，为中国的合作伙伴和客户提供服务。SAP 通过与创新企业和初创企业进行合作，并将其产品和解决方案整合到自身的方案中，创建全新的下一代生态系统，形成多样化的解决方案。SAP 还将人才培养项目引进中国，如与北京大学共同创建的 SAP 中国创新商学院和 SAP 内部的青年人才导师项目等。

2. 数字化转型方案和典型做法

（1）智能研发。通过产品的模块化、标准化大大缩短研发设计周期。从需求侧驱动产品研发，将客户需求与产品数据相关联，在保证数据可追溯性的同时实现多元化协同。基于 SAP 企业智慧套件，实现跨越企业边界的协同设计，以此达到研产协同与三维可视化，快速实现产品的迭代升级。

（2）智能制造。在生产过程中实现全流程管控，实时优化生产计划，通过精细化的生产成本改善与追溯分析，实现灵活的物料配送方式。完善生产过程和现场管理的监控，实现生产可视化。利用机器学习开展生产过程中的大数据应用，以此实现供应链管理的优化与创新，及时应对不确定的市场变化。

（3）智能服务。通过端到端的服务管理和多渠道的客户维系，搭建以客户为中心的业务转型与服务创新。基于大数据、物联网与云技术等智能应用，实现快速决策分析与实时预警。

（4）智能管理。实现流程管理的自动化与智能化，从而提升运营效率、服务质量与合规性，减少人为错误。多公司或部门的业务集成、协同，使信息透明且可追溯。企业智能化解决方案创新企业决策与分析，逐渐从事后管控走向实时掌控，帮助企业高层实现实时、可视的科学性决策。

二、西门子股份公司（SIEMENS）

1. 企业简介

西门子股份公司（以下简称西门子）是全球领先的技术企业，创立于

1847 年，不断致力于卓越的工程技术、创新、品质、可靠和国际化发展。公司业务遍及全球，专注于电气化、自动化和数字化领域。作为世界最大的高效能源和资源节约型技术供应商之一，西门子在高效发电和输电解决方案、基础设施解决方案、工业自动化、驱动和软件解决方案等领域占据领先地位；还是影像诊断设备如计算机断层扫描和磁共振成像系统，以及实验室诊断和临床 IT 领域领先的供应商。

随着中国制造业的快速发展，工厂的智能化升级需求日益迫切，完整的智能工厂数字化解决方案正是西门子的核心竞争优势。在西门子成都工厂，通过人工智能在 PCB 板质量检测中的应用，能有效节省 75% 的人工复检成本，并实现最终的缺陷零逃逸①。

2. 数字化转型方案和典型做法

（1）提升软件服务能力。数字化变革以软件工具为有效支撑，通过持续多年的技术创新和收购补强，西门子已经是欧洲第二大软件企业。西门子于 1996 年推出的全集成自动化 TIA（Totally Integrated Automation）是其数字化发展过程中的重要里程碑。统一的组态和编程、统一的数据库管理和统一的通信，有效突破设备瓶颈，满足了市场对工业自动化过程控制系统的可靠性、复杂性、友好性和便捷性要求，实现快速数据分析与处理，实现工程项目集成的最佳效率。

（2）推动数字孪生。数字孪生（Digital Twin）是西门子助力企业实现数字化转型的核心理念和实施路径，目前可提供产品的数字化产品设计、生产工艺流程优化和设备管理三种不同的服务。一边是生产现场的真实设备与制造流程，另一边是海量产生的实时数据镜像与虚拟企业，通过西门子 Teamcenter 平台，贯穿产品设计、生产规划、生产工程、生产实施直至

---

① 李峥. 为制造业赋予更多可能 [J]. 现代制造，2020（15）：14-15.

服务等环节，打造一致的、无缝的数据平台，帮助企业在实际投入生产之前即能在虚拟环境中优化、仿真和测试，通过虚拟与现实的结合与对比，用数据反馈改善设计。在生产过程中也可同步优化整个企业流程，最终实现高效柔性生产、产品快速上市，提升企业竞争力。

（3）构建边缘计算构建应用平台。边缘计算是当前 IT 与 OT 融合的重要落脚点。在没有边缘计算之前，工厂车间层级进行相关应用的开发和维护成本非常高。边缘计算提供了一个平台，可以让工程师以较低成本在车间层级开发出数据分析和质量预测等新型应用。西门子的工业边缘计算为不同类型的客户提供边缘设备、边缘应用与边缘管理服务，可以根据企业需求进行弹性部署，降低企业开发与运维的工作量。针对拥有不同产业链的集团架构客户，相关边缘计算部署往往跨地域、跨业务属性，可以通过不同地域车间的边缘计算设备和应用进行集约化管理。同时，边缘计算让自动化工程师在底层可以更好地用自动化语言为上层数据分析人员提供支撑，让分析专家可以在底层直接获取相关数据进行分析，起到了非常好的桥接作用。

（4）人工智能提升分析能力。西门子为客户提供了不同类型的人工智能硬件，赋予自动化系统更强大的数据分析能力。通过引入机器学习与深度学习的方式，可基于神经网络对相关数据进行现场层级的分析和推演，实现控制准确性、效率和精度的提升。设备预测性维护、人员安全防护、产品质量检测、生产工艺优化和持续精确控制是当前工厂层级对人工智能项目的典型需求，通过与边缘计算的有效结合，可以实现增益价值。例如，在与汽车企业的合作中，西门子以人工智能结合边缘计算的方式，通过对过程数据的即时分析，快速预测焊接质量是否达标。

三、易欧司（EOS）

1. 企业简介

德国易欧司成立于1989年，是全球增材制造（即3D打印）领域高端解决方案的技术和质量领导者，使客户能够根据工业3D打印技术生产高质量的产品。同时，易欧司也是直接金属激光烧结（DMLS）领域的先驱和世界领先者，并提供领先的聚合物技术。如今易欧司在全球工业级3D打印领域已是规模最大的企业之一。

2013年，易欧司进入中国市场，国内很多知名的服务提供商如光韵达、铂力特、鑫精合、先临三维、深圳德科、华阳新材料、飞尔康等都是易欧司的忠实用户。具体到制造行业，目前装机量最大的是航空行业，其次为航天行业、模具行业和医疗行业。当前，3D打印已经成为先进制造业领导者的优先关注技术，但这些企业普遍面临的问题是缺乏对于这一制造技术的经验或知识，易欧司作为有经验的3D打印设备厂商，能够为国内相关企业提供整体解决方案，覆盖从产品开发、材料、设备、工艺和咨询服务等方面，助推企业数字化转型，开发成熟、高质量的创新产品。

2. 数字化转型方案和典型做法

（1）注重数据采集和分析。面对数字化转型和工业4.0的浪潮，易欧司在设备里面集成大量传感器，进行数据收集。这些数据用于管理和维护操作，甚至是预测性维护，未来易欧司还希望通过分析这些数据来优化产品功能、提升产品质量。

（2）注重数字技术开发。易欧司开发了工艺仿真技术，在还没有发生实际过程的时候通过虚拟方式做仿真，这样实现工业4.0强调的虚实结合，也可以反过来利用仿真的结构优化3D打印工艺。

（3）支撑数字化分布式制造。3D 打印技术支持分布式制造的实现，可以在一个地方设计，同时在全球不同工厂或者是场所进行制造，这样的数字化分布式制造能力将为供应链领域创造很大的价值。易欧司与戴姆勒等公司合作开发"数字化仓库"，在全球任何地方的客户有需求的时候，可以利用当地的资源进行 3D 打印制造，提供更快速的服务。

四、ABB 公司

1. 企业简介

ABB 公司是电力和自动化技术领域的领军厂商，业务遍布全球 100 多个国家和地区，员工人数达 11 万。2019 年，ABB 公司剥离电网业务，聚焦数字化行业，并精简业务模式、组织架构，现有业务划分成电气、工业自动化、机器人及离散自动化以及运动控制四大事业部，旨在将 ABB 公司塑造为数字化行业领军者，致力于通过软件将智能技术集成到电气、机器人、自动化、运动控制产品及解决方案中，推动社会与行业转型，实现更高效、可持续的未来。

ABB 公司在中国市场积极布局工业数字化解决方案。2017 年，ABB 公司首次在中国市场推出 ABB Ability™，构建了企业级 IoT 平台，利用丰富的物联网协议、基于数字孪生的设备生命周期管理、平台级多租户支持及数据隔离、大数据存储与运算、机器学习框架等核心技术，提供 200 多个工业数字化解决方案。2020 年，ABB 公司最新的工业物联网平台在华为云正式上线，服务于中国市场。该平台提供了完整的设备端、边缘侧及云端架构，支持海量的工业设备管理、数据采集分析及丰富的行业应用，并满足最高等级的网络安全标准。

2. 数字化转型方案和典型做法

（1）大力发展工业互联网。工业互联网是工业经济向数字化、网络化、智能化转型的新动能。ABB 公司的数字化思路很明确，强调利用电气和自动化领域的技术优势与行业专长，为客户提供针对行业痛点的解决方案，提升装备自动化和智能化的水平，支持新一代软件和互联网技术下沉、内嵌到工业系统中，做到真正的融合，推动行业纵深拓展。ABB 公司量身定制的数字化解决方案已帮助能源、石化、冶金、机械、汽车、船舶、数据中心、基础设施等领域的众多企业与工业物联网实现互联，充分挖掘数字化潜力，提升效率、降低成本、提高安全性与核心竞争力。

（2）建立合作伙伴生态圈。市场在不断变化，推动智能制造发展需要跨行业、多领域融合，企业只有整合各种技术优势，才能满足快速变化的行业需求、市场需求以及用户的要求。长期以来，ABB 公司始终秉承合作共赢的理念，与微软、惠普、IBM、达索等多家数字化技术领先的企业开展跨界合作。ABB 公司形成了强大的工业数字化合作伙伴网络，通过与合作伙伴强强联合，旨在实现独特的软件解决方案，覆盖从产品的生命周期管理到资产健康的解决方案，从而提升产品的竞争力、灵活性，以及产品生命周期、制造和运营的速度及生产效率，为客户提供端到端的数字化产品组合。

第二节 法国：能源数字化

一、法国电力集团（EDF）

1. 企业简介

法国电力集团（EDF）是一家在核能、热能、水电和可再生能源方面具有世界级工业竞争力的大型企业，是能源转型的领军企业之一，截至2021年底，拥有超过70家子公司和分支机构，投资遍布世界各地，为全球近4000万用户提供能源服务①。2019年我国的国家能源投资集团有限责任公司与EDF签署了江苏东台海上风电项目合作协议，项目总投资约80亿元人民币，国家能源投资集团有限责任公司下属国华能源投资有限公司持股62.5%，EDF下属法电新能源公司和EDF（中国）投资公司共同持股37.5%。外商直接投资超过1.6亿美元，创法国电力集团在我国非核电市场投资新高②。

2. 数字化转型方案和典型做法

EDF致力于转变对传统核电业务依赖较高的局面，积极拓展新业务，探索新商业模式，注重科技与业务的融合创新发展。EDF借助新兴数字技术及先进的能源技术，打造智能电网，在市场营销、电力交易等核心领域率先实现数字化转型。

（1）提升设备资产数据质量。EDF通过智能电表收集设备运行状态数据，面向多业务部门提供决策支撑，并以新一代智能电表Linky为战略发展核心，牵动电动汽车、智能城市、客户服务等发展。一方面，海量的数据将助力分析、风险控制、预防性维护，从而更好地进行配网投资；另一方面，有助于配电网的故障排查、分析诊断、自愈和人工处理，调节发售电的平衡，让生产者和消费者之间有着更加动态灵活的供需匹配。

（2）打造成熟的大数据架构和丰富的大数据应用。自2015年起，法

---

① Électricité De France 官方网站，https：//www.edf.fr/en/the-edf-group/edf-at-a-glance.
② 国家能源集团. 全国首个中外合资海上风电项目落地揭牌［EB/OL］.［2020-10-21］. http：//www.xinhuanet.com/power/2020-10/21/c_1210851433.htm.

国开始将在用的 3500 万台机械电表以及普通电子电表更换为智能电表，计划在 2022 年完成部署。截至 2021 年底，EDF 已经在全法安装 3400 万台智能电表，预计电表产生的数据量将在 5~10 年内达到 PB 级。智能电表采集的主要是个体家庭的用电负荷数据，以每个电表每 10 分钟抄表一次计算，3500 万台智能电表每年将产生 1.8 万亿次抄表记录和 600TB 压缩前数据，每天产生 5 亿次抄表记录和大约 2TB 的抄表数据①。这些电表数据结合气象数据、用电合同信息及电网数据，构成了法国的电力大数据。EDF 构建公司级大数据中心，由专门的数据质量管理专家对数据质量进行管控，完善数据基础、增强分析能力，不断发掘数据资产价值，为企业战略转型与服务升级提供有效的决策支撑。通过有效管理并应用海量用户数据，每年可带来超 3000 万美元的效益。

（3）注重科技创新，实现科技与业务的融合发展。第一，制定中长期技术研发战略，聚焦智能电网、智慧用能及可再生能源三大战略领域，以智慧城市、储能技术、电能替代等六项技术为重点研究与开发方向。其中，EDF 认为储能、光伏及电动汽车是塑造未来能源系统的关键，计划 2018~2035 年在储能方面投资 80 亿欧元，并组建新光伏研发中心。第二，制定清晰的研发策略，约 2/3 研发费用用于支撑集团各业务板块及下属机构发展，约 1/3 研发费用用于前瞻性和基础性技术的研究与开发②。第三，建立多元研发体系，成立 10 个跨国内部研发中心、15 个联合研究室，联合众多外部学术机构、行业合作者等打造"大创新中心"，在促进协作创新的同时，打造可靠的合作伙伴关系。

---

① 国网能源研究院.2015 国内外企业管理实践典型案例分析报告［M］.北京：中国电力出版社，2015.

② 段芳娥.法国电力集团聚焦可再生能源、智能电网、智慧用能三大战略领域［N］.南方电网报，2020-08-24.

二、法国输电网公司（RTE）

1. 企业简介

法国输电网公司（RTE）是法国电力集团的全资子公司，主要负责输电网管理。其主要职责包括拥有并运行输电网络、确保供需实时平衡、通过市场机制确保供电可靠性、计算网络损耗、开展欧洲跨国电力交易等。

2. 数字化转型方案和典型做法

RTE 等欧洲领先的输电系统运营商尝试使用数字技术来提高电网质量、降低电网维护成本，例如用 AI 来平滑电网功率输出，并在电网运营商之间共享数据。推进智能电网建设以更好地消纳清洁能源是 RTE 未来的工作重点。根据法国能源监管条例要求，用户可每周或每月向 RTE 了解用电数量，也可通过远程访问的方式直接读取计量数据。为此，RTE 开展了广泛的表计及相关业务处理工作，设立远程读表中心。远程读表中心将数据汇总到总部表计及结算系统，进行相关结算以及出单处理。随着远程读表系统的应用，错误率逐年下降，实时出单的比例逐年上升，提高了效率，减少了纠纷。

三、法国配电公司（ENEDIS）

1. 企业简介

法国配电公司（原名 ERDF，2016 年更名为 ENEDIS）是由 EDF2008 年拆分成立的全资子公司，ENEDIS 拥有超过 3.8 万的员工，为覆盖法国 95% 以上的电网基础设施提供建设和维护服务[①]。在当前能源供需矛盾转

---

① ENEDIS 官方网站，https：//www.enedis.fr/notre-entreprise.

换、结构调整深入推进、技术装备日新月异的大背景下，包括法国在内的欧洲电力市场，在电力市场化改革、新能源融合发展等方面进行了积极探索，ENEDIS 等知名电力企业在输配电、智能电网、新能源接入、储能技术等方面为全球电力企业树立了标杆。

2. 数字化转型方案和典型做法

（1）开展智能太阳能示范项目。2011 年 11 月，ENEDIS 牵头设立的尼斯智能电网项目是欧洲第一个智能太阳能示范项目。智能电网是一种具有嵌入式控制、IT 和电信功能的能源传输和配送网络，能为电力产业链从电厂到终端用户的所有利益相关方提供实时、双向的能源和信息流。智能电网解决方案可以让用户根据电力供应商的建议，在用电高峰时段主动减少用电。此外，项目还包括一个"孤岛"区域，设有独立的光伏发电能力和储电设施，能够在短时间内脱离电网。这个微型电网能独立保证电网线路中所需要的电压和频率。

（2）开展智能电网部署。从 2015 年 12 月开始，ENEDIS 开始了名为 Linky 的智能电网部署，投资 50 亿欧元将法国的电网智能化、数字化，以应对新的挑战①。ENEDIS 通过将法国的 3500 万台机械电表以及普通电子电表更换成智能电表，可以对用户的电力使用进行实时的监控，并为用户提供更好的供电方案，例如在用电低峰期，可以通过提供低价格的电力来引导用户错峰用电。

（3）实现全面配电自动化。ENEDIS 本着经济、简洁和高效的原则，因地制宜，精确规划遥控开关的布局，合理规划遥控开关的安装位置、数量和优先程度。城市和农村实现自动化控制的标准不同，每条馈线遥控开

---

① France Smart Meters: ERDF Begins Linky Smart Meter Rollout [EB/OL]. https://www.smart-energy.com/regional-news/europe-uk/erdf-begins-linky-smart-meter-rollout/.

关数量有所区别，城市为 3~4 台，农村为 2~3 台。采用远程故障信息采集与就地检测相结合的方式，实现故障的准确定位，采用远程控制与就地控制相结合的方式，缩小故障的隔离范围。通过馈线自动化功能与机械化维修队伍相结合的方式处理电网故障，做到故障的精细分析、准确隔离和快速恢复供电，50%以上的故障恢复供电时间不超过 3 分钟[①]。

四、ENGIE 集团

1. 企业简介

ENGIE 集团是一家全球能源公司，总部位于法国。ENGIE 集团致力于减少能源消耗和提供更多环境友好型解决方案，以促进全球经济尽快向碳中和转型。专注于低碳发电、全球天然气和能源网络、客户解决方案三大支柱领域，提供覆盖从开发、投资到运营和维护整个能源产业链的基础设施与能源相关服务。

ENGIE 集团在中国市场主要聚焦"可再生能源发电、清洁汽车、集中供热和供冷、生物沼气"四方面业务，且均已开始布局。在清洁汽车方面，布局充电桩安装、综合管理，提供智能充电、车辆管理体系等服务；在可再生能源发电领域，主要聚焦分布式、屋顶光伏等；在集中供热和供冷方面，ENGIE 集团已在重庆开展集中供冷网络业务；在生物沼气方面，ENGIE 集团认为中国生物沼气价格相对天然气已经具有竞争力，尤其是农业垃圾发电潜力巨大，前景广阔。

2. 数字化转型方案和典型做法

（1）拓展数字化工具应用。ENGIE 集团与施耐德电气签署了合作协

---

① 赵雅君. 配电网建设全球扫描！五国配电自动化技术应用速览［EB/OL］. https://mp. weixin. qq. com/s/cz-fLiSfMkb4Y-DmjWHrsA.

议（MoU），利用施耐德电气 Wonderware 品牌的监控和数据采集（SCA-DA）系统、历史数据库软件及其他相关应用软件，探索和部署新型数字化解决方案，从而优化可再生能源资产（风能和太阳能光伏）的运营效率。

（2）推出区块链开发项目。ENGIE 集团和商业咨询集团 Maltem 以 230 万美元推出新的区块链研发子公司，目标客户位于亚洲和南欧，着力研究为区块链项目实现工业化和速度提升的软件套件，将有助于开发智能合约，协助管理区块链基础设施框架建设工作。这些框架和设施可以通过云端访问，或者可以通过公司服务器直接访问。

五、道达尔石油及天然气公司（Total）

1. 企业简介

道达尔石油及天然气公司（以下简称道达尔）是全球四大石油化工公司之一，总部设在法国巴黎，在全球超过 110 个国家开展润滑油业务。道达尔在天然气全产业价值链布局成熟，在天然气、可再生能源等领域具有显著技术优势。根据 2021 年数据，道达尔每年投入研发费用达到 10 亿美元左右，拥有的研发人员超过 4000 名，在全球范围内设立了 18 个研发中心。

道达尔自 1980 年进入中国开展业务以来，在勘探与生产，天然气、可再生能源与电力、炼油与化工以及营销与服务等方面积累了大量本土经营经验，与我国企业在能源开发、技术转移等方面有较多合作案例，同时也有采购我国数字经济企业提供技术服务的合作案例。2020 年，道达尔与阿里巴巴集团达成战略合作，利用阿里巴巴在电子商务、在线支付、本地服务、供应链、大数据和组织管理等方面的数字能力与技术推动道达尔在中国业务的数字化转型。

2. 数字化转型方案和典型做法

（1）加强人工智能在工业软件开发中的应用。2018 年 4 月 24 日，道达尔正式宣布和谷歌云签署协议，两者将联合发展人工智能技术，为石油天然的勘探开发提供全新智能解决方案，率先在气勘探开发地质数据的处理分析中应用人工智能。对油气田地质情况的描绘与分析，是油气勘探开发过程中最为重要，也是最有难度的环节之一。尽管目前石油行业已能借助电缆测井、三维地震、油藏模拟等技术描绘和分析油气田地质情况，但实际上这一系列技术仍然存在很大缺陷；另外，随着油田地质数据采集精细化程度的提高，数据大量增加，这又为数据的分析带来了难题。按照传统的数据处理方法，石油工程师无法对这些数据进行充分利用，难以建立更“完美”的地质模型。而人工智能则为解决以上问题提供了可能。人工智能当中的模糊逻辑技术能够基于“不完备”“不完美”的数据进行处理。利用模糊逻辑处理勘探地质数据，能够做出靠人工难以实现的预测，从而更精细地描述油田地质模型。一旦这一技术在石油领域应用成熟，将会解禁地球上大量在过去无法开采的油气田，也有望在一些开采成本较高的油气田实现开采成本的大幅降低。

（2）开设数字工厂推进数字化转型。道达尔于 2020 年在巴黎筹建数字工厂，将聚集多达 300 名开发人员、数据科学家和其他专家于巴黎市中心 5500 平方米的工厂中共同研发，以加速集团数字化转型。该数字工厂将负责开发道达尔所需的数字解决方案，使用人工智能、物联网和 5G 改变工业实践，将其覆盖范围扩大到新的分布式能源，向客户提供管理和控制能源消耗方面的服务。

第三节　比利时：工业软件和电子信息

一、NUMECA 国际公司

1. 企业简介

NUMECA 国际公司是为全球用户提供性能卓越的计算流体力学（CFD）软件和咨询服务的国际公司，是计算流体力学行业唯一通过航空航天领域质量认证的供应商。公司坚持以技术为导向，一直致力于研发高度集成及用户化的数值模拟软件，也提供工程咨询服务。NUMECA 系列软件被广泛应用于各种流动耦合、流热耦合和流固耦合等方面的数值模拟、创新设计和性能优化，在汽车、航空航天、能源装备、造船等行业的众多领军企业得到广泛应用，尤其是动力装备和能源装备领域的仿真与优化领域成为首选品牌。

NUMECA 国际公司从 2002 年起入驻中国，与众多研究所、高校、企业有密切联系。中航商用航空发动机有限责任公司是 NUMECA 中国公司第一个、NUMECA 国际公司第八个全球战略合作伙伴。国家超算中心天津中心是 NUMECA 中国的又一个新增的战略合作伙伴。此外，在中国燃气涡轮研究院、沈阳航空发动机研究所、哈尔滨工业大学、西安交通大学、上海理工大学及武汉理工大学等研究院所与高校，也建有 NUMECA 中国公司的工程中心。在与高校的产学研合作中，根据用户需求对 NUMECA 系列软件进行二次开发和拓展。

2. 数字化转型方案和典型做法

（1）不断深化数字技术研发。在工程设计中的计算机辅助工程（CAE）仿真领域，高性能计算（HPC）能够显著提高效率，然而 CPU 数目对其造成了限制。为了解决这个问题，NUMECA 国际公司通过 CPU Boost 技术实现在算法上的提升，使高性能计算的速度提高一个数量级，大大提高了用户的效率。另外，流体分析作为一种复杂的物理现象，计算结果的可信度和精确性受大量不确定性因素影响，NUMECA 国际公司在软件研发、应用中力求将这些不确定因素的影响降到最低，并不断降低使用门槛，使用户可以轻松地、方便地使用。

（2）软件与实际应用相互融合。注重实用性研发和商业推广，是迅速打开产品市场的前提，而拥有广阔的市场又是不断改进产品的保证。NUMECA 国际公司与用户保持紧密的联系，使用户的需求及时得到反馈，基于用户的特殊需求研发更有针对性的工业软件产品。

二、BMSvision 公司

1. 企业简介

BMSvision 公司是一家总部位于比利时克特雷特的老牌制造执行系统供应商，成立于 2007 年，主要应用领域是纺织、塑料和制药工业。同时，BMSvision 公司也是 Savio 集团旗下子公司，该集团专注于纺织机械领域，提供各类络筒机、倍捻机等纺织机械设备及其实验设备、控制器、软件等以纺织为核心的设备及解决方案，BMSvision 公司在其中承担生产过程管控的重要角色。BMSvision 公司的产品既涵盖针对行业的制造执行系统，覆盖产品的制造流程，又提供用于连接和数据采集的硬件设备，从生产作业控制到工厂运营，为行业企业提供完整的制造过程管控的软硬件解决方案。

近年来，BMSvision 公司同中国纺织企业的联系越来越紧密，和许多家中国纺织企业建立了合作关系，为其安装制造执行系统。

2. 数字化转型方案和典型做法

（1）信息技术助力突破提升瓶颈。当前纺织企业要应对来自成本上升、劳动力不足、市场变化快等不利因素的影响，在激烈的竞争中保持健康、快速发展，就必须依靠技术进步，依靠信息技术与企业业务的不断融合。信息化能够提升企业快速反应能力、提高劳动生产率、促进节能降耗、实现精细化生产，使企业决策更加迅速和准确。BMSvision 公司依托 Savio 集团长期积累的纺织机械生产基础和纺织数据智能采集、分析、处理等技术优势，构建了完善的纺织全产业链制造执行系统。该制造执行系统以无线的方式实时采集生产设备数据，将纺织车间的机台运转数据、质量信息、人员信息、设备能耗等集成到大数据平台进行深入分析，实现实时监控、管理。

（2）以数据流指导实现提效降耗。"提效"体现在生产设备运行的稳定性和生产效率的进一步提高。通过制造执行系统，每一台设备的运转数据都能得到实时监测，对异常情况能够及时报警和预警，避免损失。同时，经过比对和分析，可以对薄弱机台进行有针对性的维护保养，提升其运转效率。"降耗"主要体现在生产设备耗电量的降低上。使用制造执行系统后，每台设备的每小时耗电量都能实时统计和显示。当机器缺油或零部件出现磨损时，其耗电量会出现异常的上升，提示需要采取相应措施。通过制造执行系统，车间作业层的作业数据实时纳入信息系统，如实反映生产作业人员的操作情况，减少操作人员重复工作，提高作业层人员工作效率，同时也借助信息系统规范作业人员的操作。信息系统根据每月的生产数据和成本数据分析出每个产品各生产工序的材料耗用与费用情况，准确核算出成本情况，指导财务与销售部门可以对亏损订单和高利润订单进行数据分析。以准确全面的生产数据为指导，企业的生产效率、管理水平和反应速度都能得到全面提升。

三、Materialise 公司

1. 企业简介

Materialise 公司成立于 1990 年，三大业务领域为增材制造软件、增材制造服务和医疗行业软件和专业服务。该公司的定位独特，并不生产和销售增材制造设备，而是面向全球众多的新兴增材制造设备制造商，提供全面的支撑增材制造过程的设计、优化和管理软件系统，支持各种品牌的增材制造设备。

2019 年，Materialise 公司与航天增材科技（北京）有限公司在机器控制平台、增材制造论坛等方面有深层次的合作，与天津镭明激光科技有限公司开展定制化软件、联合行业论坛、探索新的市场应用等合作。

2. 数字化转型方案和典型做法

（1）构建生态系统。Materialise 公司已取得 200 多项增材制造领域的专利，构建了一个巨大的增材制造生态系统，成为全球增材制造产业链的枢纽与引擎。例如，Materialise 开发了专门针对增材制造工厂的制造执行软件，以及可以快速生成增材制造过程中的支撑结构的软件系统。同时，Materialise 公司还是世界上最大的 3D 打印服务供应商之一。通过提供增材制造服务，Materialise 公司对各种增材制造设备、工艺和材料建立了非常深的知识库。此外，Materialise 公司还专门针对需要植入人体的医学材料，提供经过认证的增材制造服务。

（2）开发多种专用软件。为了满足各种增材制造的需求，Materialise

公司开发了多种设计、优化和管理软件，可以有效支撑增材制造的设计、准备、打印和管理流程。其中，Materialise 3-matic 软件用于设计优化；Materialise Magics 软件用于打印过程的数据准备，是 Materialise 公司应用最广的核心软件；Materialise e-Stage 用于自动生成在增材制造工艺中的支撑；Materialise Build Processer 可以实现切片与路径规划并与各种增材制造设备进行数据传输；Materialise Control Platform 是由软件驱动的模块化、嵌入式硬件解决方案，为增材制造设备提供了控制软件；Materialise Streamics 软件则是专门针对增材制造工厂的制造执行系统，可以实现设备的排产、派工和状态监控；Materialise Robot 用于实现增材制造业务流程的自动化处理；Materialise Inspector 则用于控制增材制造零件的质量。充分应用 Materialise 公司 20 多年来积累的工艺经验，Materialise Magics 提供了可定制的、直观的用户界面，可以导入各种主流的 CAD 数据文件格式；可以把零件的内部转为晶格结构，从而减轻重量；针对金属和塑料件，生成支撑结构，以避免变形；针对激光烧结工艺，可以充分利用增材制造设备的立体空间，合理摆放多个零件，从而大大缩短打印时间；还可以实现增材制造过程的工艺仿真，避免出现变形、过热和残余应力等问题，优化零件的摆放角度，确定增材制造的最佳参数。

第四节　荷兰：半导体设计制造

一、恩智浦半导体公司（NXP）

1. 企业简介

恩智浦半导体公司（NXP）创立于 2006 年，其前身为荷兰皇家飞利浦公司于 1953 年成立的半导体事业部，总部位于荷兰埃因霍温。恩智浦 2010 年在美国纳斯达克上市，2015 年收购了由摩托罗拉创立的飞思卡尔半导体，成为全球前十大非存储类半导体公司，以及全球最大的汽车半导体供应商。在全球 30 个国家和地区设有办事处，总员工数约 3 万人。

2. 数字化转型方案和典型做法

NXP 独立之初，CEO Richard Clemmer 和管理团队就确立了公司的战略，开发市场领先且高度差异化的业务并获取盈利。2015 年，NXP 与飞思卡尔半导体合并，得以在物联网和汽车领域进一步拓展业务，并着重发展安全可靠的边缘计算、连接技术和高效的电源管理解决方案。并在高级驾驶辅助系统（ADAS）、下一代电动汽车以及跨物联网、移动设备和汽车生态系统的安全连接等关键领域确立了市场领导地位。NXP 数字产品应用比较广泛，涵盖了安全互联汽车、移动设备、工业物联网、智慧城市、智慧家居、通信基础设施等市场与应用领域。

（1）打造安全互联汽车产品。NXP 通过智能化将汽车感知、思考和行动的功能组合在一起，打造安全自动驾驶汽车的明确、精简的方式，通过自动驾驶将让乘客获得个性化且互联的体验。一是提供全系列可扩展的雷达解决方案，包括高度集成的雷达 MCU 和收发器技术，满足超短距雷达、近程雷达、中程雷达和远程雷达等当前和未来的雷达应用需求，可持续实时感测车辆之间的距离，提高驾驶效率和安全性；二是提供汽车视觉系统所需的视觉处理器，包括环视、前视摄像头、驾驶员监控系统和乘客监控系统，可感知周围环境并采取必要的措施来确保所有道路使用者的安全；三是信息娱乐和车载体验解决方案，探索如何无缝访问数字内容以及创建并操作该内容的能力，使用高级人机界面来支持语音命令、手势、增强现实和高级个性化设置。

（2）推广工业物联网。NXP 通过工业物联网解决方案推进新一代工厂和楼宇自动化、能源、医疗保健和运输系统，提升工业级安全性、连接性和可靠性。可扩展的灵活解决方案能实现工业和商业系统之间的快速连接，能够抵御恶劣环境中的黑客攻击、复制、篡改和软错误。

（3）开发基于移动设备的软硬件服务。NXP 提供直观、安全的移动、可穿戴设备和 PC 解决方案，包括端到端安全元件和服务、定制高性能接口、高效的充电解决方案以及智能语音、音频和触觉解决方案，改变人和设备的连接方式，通过安全的技术连接消费者和周围世界。作为近场通信技术（NFC）的联合创始人，NXP 一直在推动手机钱包的普及。

二、阿斯麦控股（ASML）

1. 企业简介

阿斯麦控股（ASML）公司于 1984 年成立，公司拥有员工 3 万多人。ASML 是全球最大的半导体设备制造商之一，占有全球光刻机设备市场的近七成。ASML 的技术水平代表了世界顶尖的技术水平，在光刻机领域建立起极高的技术壁垒。据 Bloomberg 数据显示，在 45nm 以下高端光刻机设备市场，ASML 占据市场份额高达 80% 以上，而在极紫外光（EUV）领域，ASML 是独家生产者，实现了全球独家垄断。

我国市场占 ASML 全球光刻机销量的三成左右，截至 2021 年 ASML 在我国装机量将近 1000 台，价值上亿欧元。但这些光刻机大部分是中低端设备，暂未成功购买高端的 EUV 光刻机。

2. 数字化转型方案和典型做法

（1）坚持开放式创新。ASML 的创新不是孤立的创新，而是坚持"开放式创新"理念的创新。在政府协助下与外部技术合作伙伴、研究机构、学院展开密切合作，建立了巨大的开放式研究网络，并通过建立特有的专利制度管理知识产权和研究成果，与合作伙伴合理共享技术与成果。ASML通过打通上下游供应链，建立起开放研究网络，大大加快了创新速度，快速形成技术优势。

（2）注重资本运作模式。ASML通过资本市场打通了产业上下游的利益链，与供应商和客户建立了密切的合作。在客户方面，ASML的三大客户英特尔、三星、台积电均是其股东，每年为ASML注入大量资金，ASML则给予股东优先供货权。通过客户入股使ASML与客户结成紧密的利益共同体，在共享股东先进科技的同时降低了自身的研发风险。在供应商方面，ASML通过战略并购与入股快速打通上游供应链，攫取了光源、镜头等光刻机零件领先的技术，占据技术高地，进一步促进公司核心技术创新。

参考文献

［1］单志广．数字新经济如何催生发展新动能［N］．学习时报，2019-01-09（A3）．

［2］单志广，马潮江，房毓菲．进一步发挥平台经济潜力价值　赋能经济社会高质量发展［J］．中国经贸导刊，2022（2）：45-46.

［3］国家发展和改革委员会．大力推动我国数字经济健康发展［J］．求是，2022（2）：7.

［4］European Commission. Digital Economy and Society Index（DESI）2020［EB/OL］.［2020-12-19］. https：//eufordigital. eu/library/digital-economy-and-society-index-desi-2020.

［5］European Commission. Europe's Digital Progress Report 2017［EB/OL］.［2020-12-19］. https：//digital-strategy. ec. europa. eu/en/library/europes-digital-progress-report-2017.

［6］European Commission. Shaping Europe's Digital Future［EB/OL］.［2020-12-19］. https：//ec. europa. eu/info/strategy/priorities-2019-2024/europe-fit-digital-age/shaping-europe-digital-future_en.

［7］European Commission. A European Strategy for Data［EB/OL］.［2020-12-19］. https：//ec. europa. eu/info/strategy/priorities-2019-2024/europe-fit-digital-age/european-data-strategy.

［8］ European Commission. White Paper on Artificial Intelligence ［EB/OL］. ［2020-12-19］. https：//ec. europa. eu/info/strategy/priorities-2019-2024/europe-fit-digital-age/excellence-trust-artificial-intelligence_en.

［9］ European Commission. A New Industrial Strategy for Europe ［EB/OL］. ［2020-12-19］. https：//ec. europa. eu/info/strategy/priorities-2019-2024/europe-fit-digital-age/european-industrial-strategy_en.

［10］ European Commission. Recovery Plan for Europe ［EB/OL］. ［2020-12-19］. https：//ec. europa. eu/info/strategy/recovery-plan-europe_en.

［11］ European Commission. Proposal for a Regulation of the European Parliament and of the Council on Contestable and Fair Markets in the Digital Sector （Digital Markets Act） ［EB/OL］. ［2020-12-15］. https：//ec. europa. eu/info/strategy/priorities-2019-2024/europe-fit-digital-age/digital-markets-act-ensuring-fair-and-open-digital-markets_en.

［12］ European Commission. Proposal for a REGULATION OF THE EUROPEAN PARLIAMENT AND OF THE COUNCIL on a Single Market For Digital Services （Digital Services Act） and amending Directive ［EB/OL］. ［2020-12-15］. https：//ec. europa. eu/info/strategy/priorities-2019-2024/europe-fit-digital-age/digital-services-act-ensuring-safe-and-accountable-online-environment_en.

［13］ European Commission. The Digital Services Act package ［EB/OL］. ［2020-12-15］. https：//ec. europa. eu/digital-single-market/en/digital-services-act-package.

［14］ European Parliamentary Research Service. Digital Services Act，European Added Value Assessment ［EB/OL］. ［2020－10］. https：//www. europarl. europa. eu/RegData/etudes/STUD/2020/654180/EPRS_ STU （2020） 654180_ EN. pdf.

［15］ European Policy Centre. Getting the Digital Services Act right：3 Recommendations for a Thriving EU Digital Ecosystem ［EB/OL］. ［2020－07－23 ］. https：//wms. flexious. be/editor/plugins/imagemanager/content/2140/ PDF/2020/Getting_ the_ DSA_ right. pdf.

［16］ The House Judiciary Committee. Investigation of Competition in Digital Markets ［EB/OL］. ［2020－10－06］. https：//judiciary. house. gov/issues/ issue/？ IssueID＝14921.

［17］ European Commission. Proposal for a Regulation of the European Parliament and of the Council：Establishing a Carbon Border Adjustment Mechanism ［EB/OL］. ［2021－07－14］. https：//ec. europa. eu/info/files/carbon－border-adjustment-mechanism_ en.

［18］ European Commission. CBAM factsheet ［EB/OL］. ［2021－07－14］. https：//ec. europa. eu/commission/presscorner/detail/en/fs_21_3666.

［19］ 朱贵昌. 欧盟数字化发展面临诸多挑战 ［J］. 人民论坛，2020 （19）：124-127.

［20］ 张泰伦，林小暖，李璠琢. 全球多国竞相布局非洲数字经济 ［J］. 世界知识，2022 （7）：60-61.

［21］ 李舒沁，王灏晨. 欧盟发布《新工业战略》的影响及应对 ［J］. 发展研究，2020 （6）：21-24.

［22］ 房毓菲. 欧盟新工业战略对我国制造业发展的启示 ［J］. 中国经贸导刊 （中），2020 （5）：40-41.

［23］李舒沁，王灏晨．欧洲数据战略对数据共享问题的应对与启示［J］．中国经贸导刊（中），2020（8）：40-41.

［24］杨晶，康琪，李哲．美国《联邦数据战略与2020年行动计划》的分析及启示［J］．情报杂志，2020，39（9）：98+154-160.

［25］魏强，陆平．人工智能算法面临伦理困境［J］．互联网经济，2018（5）：28-33.

［26］安晖．美国人工智能战略格局分析［J］．科技与金融，2020（10）：14-18.

［27］新华社．发展负责任的人工智能：我国新一代人工智能治理原则发布［EB/OL］．［2019-06-17］．https：//baijiahao.baidu.com/s？id=1636574796623631577.

［28］张文闻，张聪，邓凯文，李承杰．我国人工智能产业的发展趋势、经验和启示［J］．广东经济，2019（10）：37-42.

［29］房毓菲．欧盟数字服务监管的借鉴与启示［J］．中国物价，2021（4）：83-86.

［30］徐金海，周蓉蓉．数字贸易规则制定：发展趋势、国际经验与政策建议［J］．国际贸易，2019（6）：63-70.

［31］房毓菲．欧盟征收数字税及欧美博弈对我国的启示［J］．中国物价，2020（12）：93-96.

［32］路广通．解析数字税：美欧博弈的新战场［J］．信息通信技术与政策，2020（1）：77-81.

［33］第一财经．详解美国数字税"301调查"，为什么连盟友也不放过？［EB/OL］．［2020-06-05］．https：//www.yicai.com/news/100 657315.html.

［34］中国人民银行国际司课题组．全球数字税改革及其影响［J］．中国金融，2022（2）：86-87．

［35］冯守东，王爱清．数字经济背景下我国税收面临的挑战与应对［J］．税务研究，2021（3）：79-83．

［36］陈建奇．数字经济时代国际税收规则改革逻辑及政策重点［J］．中国党政干部论坛，2022（3）：86-90．

［37］黄健雄，崔军．数字服务税现状与中国应对［J］．税务与经济，2020（2）：88-93．

［38］房毓菲．碳中和视角下，国际碳边境调节机制的影响与应对［J］．中国能源，2021，43（10）：26-30．

［39］张中祥．碳达峰、碳中和目标下的中国与世界——绿色低碳转型、绿色金融、碳市场与碳边境调节机制［J］．人民论坛·学术前沿，2021（14）：71-81．

［40］蔡敏．S公司IT架构变革研究［D］．上海交通大学硕士学位论文，2017．

［41］西门子中国．西门子在华赢得首个燃气内燃机发电机组订单［J］．机电设备，2018，35（1）：51．

［42］李峥．为制造业赋予更多可能［J］．现代制造，2020（15）：16-17．

［43］何发．节能增效ABB在行动［J］．现代制造，2021（9）：14．

［44］《电器工业》编辑部．电器工业风云策划/2020企业篇［J］．电器工业，2021（2）：20-32．

［45］宋慧欣．ABB，以深厚积淀赋能流程工业数字化转型［J］．自动化博览，2021，38（12）：26-27．

［46］李韶辉．跨国公司对中国经济投出信任票［J］．中国外资，2020（23）：52.

［47］苏志鹏．法电向综合能源服务转型的启示［J］．中国电力企业管理，2019（13）：47-49.

［48］国家电网公司．国外智能电网发展综述［J］．物联网技术，2012，2（1）：13-17.

［49］第一财经日报．智能电网法国经验：让消费者转变为消费主［EB/OL］．［2014-02-17］. https://www.yicai.com/news/3470649.html.

［50］赵娟，崔凯．法国配电网运行管理经验及启示［J］．供用电，2015（3）：16-21.

［51］施耐德电气（中国）．ENGIE与施耐德电气就数字化能源领域展开合作［J］．个人电脑，2017，23（3）：56.

［52］叶华文．油气企业数字化转型发展现状研究［J］．无线互联科技，2020，17（4）：143-144.

［53］林伯韬，郭建成．人工智能在石油工业中的应用现状探讨［J］．石油科学通报，2019，4（4）：75-85.

［54］杜莹．NUMECA：用心的十年［J］．中国制造业信息化，2012，45（12）：50-51.

［55］梁昕诺．BMSvision：为纺织业健康发展护航［J］．纺织机械，2016（3）：56-57.

［56］张金颖，安晖．荷兰光刻巨头崛起对我国发展核心技术的启示［J］．中国工业和信息化，2019（Z1）：42-46.